오일러
패러독스

· 수학소설 ·

오일러 패러독스

1판 1쇄 펴냄 2018년 10월 22일
1판 5쇄 펴냄 2023년 5월 25일

지은이 김상미

주간 김현숙 | **편집** 김주희, 이나연
디자인 이현정, 전미혜
영업·제작 백국현, | **관리** 오유나

펴낸곳 궁리출판 | **펴낸이** 이갑수

등록 1999년 3월 29일 제300-2004-162호
주소 10881 경기도 파주시 회동길 325-12
전화 031-955-9818 | **팩스** 031-955-9848
홈페이지 www.kungree.com
전자우편 kungree@kungree.com
페이스북 /kungreepress | **트위터** @kungreepress
인스타그램 /kungree_press

ISBN 978-89-5820-556-2   03410

오일러
패러독스

세상에서 가장 아름다운

우정공식 $e^{i\pi}=-1$

김상미 지음

궁리
KungRee

일러두기

이 책은 한 편의 독립된 소설이자, 『파이 미로』(김상미 지음)의 후속 이야기이기도 합니다. 『파이 미로』와 연결지점이 있는 내용에는 ● 기호로 표시하였습니다.

차례

빗나간 기대

국립뇌과학연구소의 컨퍼런스룸 앞에 대형 현수막이 걸려 있다. 학회에는 평소보다 많은 사람들이 참석했다. 학회를 취재하러 온 기자들도 곳곳에 눈에 띄었다. 몰려든 인파에 당황한 학회 운영진들은 부족한 자료를 더 준비하느라 접수대 주변을 분주하게 움직였다. 그동안 늘 조용하고 차분하던 학회 분위기와는 달리 상기된 표정의 사람들은 뭔지 모를 기대감으로 들뜬 모습이었다. 이미 등록을 마친 회원들은 삼삼오오 모여 대화를 나누었다.

"마크 연구원이 이번에 큰 건 하나 발표한다는 소문이 자자하죠?"

"커넥톰 지도가 모두 완성되었다는 이야기도 돌던데……."

"만약 그렇다면 세계 최초 아니에요?"

"그러게. 나도 그 발표를 들으러 모든 일정을 취소하고 학회에 참여했지."

"평소에 나타나지 않던 기자들이 있는 걸 보면 뭔가 있긴 있는 것 같아요."

"기다려보자고."

곧 엄청난 발표가 있을 거라는 사람들의 기대감으로 학회 열기는 점점 더 달아올랐다. 마크의 차례가 가까워오자 그 분위기는 최고조에 이르렀다. 하지만 마크는 나타나지 않았다. 발표자가 제시간에 나타나지 않자 사람들이 웅성거리기 시작했다.

"다음 차례가 맞는데 왜 나오지 않지?"

"어? 다른 발표자가 준비하네?"

"방송이 나오는데요. 순서가 바뀌었다고?"

"그런데 저 사람이 마지막 발표자가 아닌가?"

기대했던 발표의 순서가 뒤로 밀리면서 컨퍼런스룸 안은 혼란스러워졌다. 그때, 마크의 연구실 주변은 긴박하게 돌아가고 있었다.

"쾅쾅쾅쾅쾅."

"마크 연구원님. 괜찮으세요? 문 좀 열어주세요."

누군가가 다급한 듯 닫힌 문을 세차게 두드리며 외쳤다.

'다 사라졌어.'

문이 잠긴 연구실에서 마크는 책상에 앉아 키보드와 마우스를 잡았다가 화면을 터치해보기도 하고 저장장치를 빼서 다시 끼우기를 반복했다. 인터넷의 연결상태를 여러 차례 확인했다.

'도대체 어떻게 된 거야?'

식은땀이 등골을 따라 내려가는 찰나 마크는 그 모든 행동이 부질없음을 직감했다. 모니터를 보는 마크의 얼굴에 검은 그림자가 드리워졌다.

시간이 지날수록 학회에 참가한 사람들의 기대는 비난으로 바뀌어갔다.

"헛소문이었나?"

"뭐야. 온갖 설레발은 다 치더니. 별 볼 일 없잖아."

"일정도 다 취소하고 왔구먼. 에잇!"

시간이 한참 흐르자 세차게 두드리던 문소리도 잦아들었다. 밖에서 웅성거리던 사람들의 소리도 들리지 않았다.

창밖의 태양과 달은 무심하게 자리를 교대했다.

한 치의 움직임도 없이 연구실 의자에 걸터앉아 있던 마크는 천천히 허리를 세운 후 의자를 당겼다. 그러고 나서 책상 위에 두 팔을 올려놓고는 깍지를 낀 상태로 얼굴을 고였다.

"써메이션. 날 완벽히 속였군."

어둠 속에서 마크의 분노에 찬 눈동자가 이글거렸다.

써메이션을
찾아줘

한겨울, 학교 복도에서 느껴지는 추위의 기세가 매서웠다. 교실에서 나오는 수학 강의의 열기가 그 추운 공기의 틈을 뚫고 복도까지 퍼지고 있었다.

"3을 네 번 곱하면 얼마지?"

"그야 81이죠."

"그래, 그걸 거듭제곱으로 나타낼 수 있을까?"

"$3^4=81$"

"그럼 81은 3을 몇 번 곱해서 나오는 수야?"

"네 번이요."

"그래, 그걸 나타내는 기호도 있으면 좋지 않을까?"

"있으면 좋겠죠."

"좋아! 10을 세 번 곱하면 얼마지?"

"아! 선생님 왜 그러세요. 여기 고등학교예요. 1000이잖아요."

"1000은 10을 몇 번 곱해서 나온 수인 거지?"

"세 번이죠."

질문이 유치하다고 생각하는 학생들의 투덜거림은 적당히 흘려 들으며 I는 계속 질문을 했다.

"그걸 나타내는 기호도 있으면 좋지 않을까?"

"있으면 좋겠죠. 길게 말하기 귀찮으니까."

학생들은 심드렁하게 말했다.

"□는 △를 x번 곱해서 나타낸 수라는 것을 기호로 나타낸 것이 'log'야."

이제야 학생들은 선생님이 다음 수업 내용을 미리 소개해주려고 아주 쉬운 질문부터 하나씩 던진 것임을 알았다는 표정을 지었다.

"아, 그 유명한 로그요? 우리가 드디어 로그를 배우는 건가요?"

"하하, 그래. 다음 시간부터는 로그를 시작하게 된단다. 쉽게 말하면, $\log_3 27$의 의미는 3을 몇 번 곱해야 27이 되겠냐는 거지."

"$\log_3 27$은 그럼 3이 되는 거네요."

"그렇지. $\log_{10} 1000$는 뭐가 될까?"

"3이요. 10은 세 번 곱하면 1000이 돼요. 그건 초등학생도 알겠어요."

"맞아. 곱셈을 반복한 횟수라고 쓸 것을 간단히 log라는 기호로 나타내는 거야."

"쉽네!"

"그럼 로그도 다 배웠네요? 그럼 내일부터 안 와도 되겠네."

여기저기서 근거 없는 자신감에 찬 말들이 교실을 채웠다.

"그래, 그럼 12번 곱해서 2가 되는 수는 얼마일까?"

"그건."

바로 대답할 수 있을 듯하다가 멈칫한 학생들을 보며 I가 말했다.

"그러니 더 배울 게 많다는 얘기야."

"알았다고요."

투덜대긴 해도 항상 열심히 수업에 참여하는 학생들을 보면서 I는 뿌듯한 미소를 지었다.

"로그는 계산도구로 태어났지만 특별한 수 e를 낳고 수학과 물리학을 연결시키는 존재가 된단다. 그걸 찾아낸 수학자가 누군지는 이 수업의 끝에는 알게 되겠지. 자! 오늘도 방학 중에 공부하느라 고생 많았고. 내일 또 보자!"

"네, 샘! 내일 봬요."

아이들은 모두 교실을 떠났다. 아이들이 떠나자 교실의 온기도 사라졌다. I는 학생들이 떠난 교실 뒷정리를 마친 후 강의할 때 벗어두었던 외투를 입고 책상에 앉았다. 책을 꺼내 방학 특강 자료를 준비했다. 교실에는 책장을 넘기는 소리와 연필소리만 들렸다.

"똑똑."

교실 문이 열렸다. 행정직원 라우라였다.

"선생님. 손님이 찾아오셨어요."

손님이 학교로 찾아온 적은 거의 없었기에 I는 궁금한 표정으로 자리에서 일어났다. 문 뒤에 서 있던 사람이 모습을 드러냈다. 뜻밖의 손님은 I의 대학교 선배 쿤이었다.

"어! 선배님."

I는 놀랍기도 하고 반갑기도 한 표정으로 선배를 맞이했다.

"당황했지?"

어쩔 줄 몰라하는 I와 대조적으로 쿤의 목소리는 차분했다.

"죄송해요. 인사도 자주 못 드리고."

I는 바쁘단 핑계로 인간관계에 소홀했던 자신을 책망했다.

"그런 인사 들으러 온 건 아냐."

쿤은 웃으며 I와 악수를 나눴다.

"고마워요, 라우라."

라우라는 I에게 눈인사를 하고 나갔다.

"맘이 급하다 보니 내 생각만 하고 미리 연락도 없이 찾아왔어. 미안해."

I에게 늘 여유 있던 모습으로 기억됐던 선배 쿤의 얼굴에서 초조함과 어둠이 비쳐졌다.

"좀 앉아도 될까?"

"아! 그럼요. 저런…… 내 정신 봐. 뭐 좀 마실 거라도 드릴게요."

"고맙네."

쿤은 교실을 한번 훑어보며 물었다.

"어때? 애들 가르치는 건 적성에 맞아?"

"제 정신연령이 원래 10대 수준이잖아요. 너무 잘 지내고 있어요. 학생들이 저를 만나 힘들지는 몰라도요. 하하."

"썰렁한 농담은 여전하군."

I의 농담에 쿤이 말했다.

"선배는 사람들의 기억을 잘 지우고 계신가요?"

I는 커피를 준비하며 물었다.

"아주 잘 지우고 있지. 사람들의 기억을 지울수록 매출도 오르고 말이야."

쿤은 인터넷상에 남아 있는 정보를 전문적으로 지워주는

MEMORY 컴퍼니 사장이다. 지금은 동종업계 1위 자리를 차지할 만큼 성장했다.

"기억은 잊혀지는 게 자연스러운 건가 봐요. 이제 와서 솔직히 말씀드리자면, 저장용량이 커지는 시대의 흐름과 반대로 정보를 지워주는 사업을 스타트업으로 하신다고 할 때 과연 잘될까? 의심했었거든요. 그런데 잊혀지지 않는 과거 흑역사로 고민하는 사람들이 그렇게 많을 줄은 몰랐어요."

"그러게. 덕분에 아주 큰 회사로 잘 성장했어."

I는 커피를 쿤에게 건네며 자신의 것도 준비한 후 선배 앞에 앉았다.

"바쁘신 분이 직접 저를 찾아올 정도면 상당히 중요하거나 급한 일일 것 같은데 도무지 짐작이 가지 않아요."

"응, 그래. 바로 말할게."

쿤의 얼굴이 진지해졌다.

"써메이션 말이야."

"써메이션이요?"

I는 갑자기 등장한 친구의 이름에 적지 않게 놀랐다.

"응. 써메이션. 연락이 안 돼."

"네?"

I는 선배의 말이 도대체 무슨 의미인지 알 수 없었다.

"사라졌어."

호흡을 가다듬고 쿤이 말했다.

"사라졌다고요?"

I가 반복해서 물었다.

"어머니께도 연락을 했는데 모르는 눈치더군. 연로하신데 더 놀라실까봐 자세한 말씀은 안 드렸지. 기억상태도 좋아 보이지 않으시고 말이야. I 너도 알다시피 요양원에 계시잖아."

"네."

"그렇다고 회사에 적어낸 프로필에 또 다른 친척이 있는 것도 아니고."

"네."

"처음엔 휴가를 떠난 줄 알았어. 회사에도 정식 휴가원을 냈고. 그런데 문제가 일어났어. 써메이션이 휴가를 떠난 다음 날 회사에 큰 소동이 났거든."

"소동이요?"

"응. 나도 직접 현장을 보진 못했지만 거의 미치기 직전의 모습을 한 젊은이가 우리 회사에 찾아와서 써메이션을 데려오라고 난

동을 부렸다는군. 나중에 알아보니 그 친구 이름이⋯⋯."

쿤은 안주머니에서 전자수첩을 꺼내 메모를 확인했다.

"마크라고 하더군. 뇌 학계에서는 꽤 전도유망한 사람이라던데. 나야 그 분야를 잘 모르니까. 하지만 내가 전해 들은 바로는 정신병원에서 막 탈출한 사람마냥 극도의 분노에 차 있었다고 했어. 그래서 말인데 혹시 자네 그 친구를 아나? 써메이션의 중학교 동창이라던데."

"중학교 동창이요? 중학교 동창 중에 마크라⋯⋯."

I는 눈을 아래로 깔고 잠시 생각하다가 뭔가 기억이 난 듯 쿤을 바라봤다.

"아! 마크! 기억났어요! 써메이션이 그 친구를 만났다고요? 제가 알기로는 마크와 써메이션은 그렇게 친한 사이는 아니었는데요."

I는 당사자들이 없는 자리에서 남의 이야기를 하는 것 같아 더 자세한 말은 하지 않았다.

"그렇군. 그럼 그 둘 사이에 도대체 무슨 일이 생긴 걸까?"

쿤은 커피를 마시며 혼잣말을 했다.

"글쎄요. 그렇다고 써메이션이 누구에게 피해를 줄 친구도 아니고요. 가끔 우리같이 평범한 사람이 이해 못 할 행동을 할 때는 있

18

지만 누군가를 그렇게 화나게 한 적은……."

I는 말끝을 흐리다 다시 말을 이었다.

"오해로 친구를 화나게 한 적은 있었지만, 그때 한 번뿐이었어요."

"그 친구가 누구지?"

"선배도 알 수 있는데 하울이라는 친구죠. 하지만 그건 하울의
오해였어요. 써메이션은 누구를 화나게 할 사람이 아니거든요."

써메이션에 대해 말하는 I는 확신에 차 있었다.

"내가 그걸 왜 모르겠나? 그와 산전수전 다 겪으면서 이 회사를
키웠는데……. 그런데 말이야, 관계가 있을지는 더 조사해봐야 하
겠지만 최근에 써메이션이 자체적으로 운영하는 사이트가 있었다
는 건 드러났어. 회사서버를 이용했더군. 물론 써메이션이 휴가를
떠나기 전 폐쇄되었지. 그 사이트의 내용이 뭔지는 모르겠지만 마
크를 분노하게 할 정보가 담겨 있던 것으로 우린 짐작하고 있어."

"써메이션이 혹시나 마크의 일과 관련이 되어 있다면 뭔가 이유
가 있을 거예요."

"나도 그렇게 생각해."

"혹시 공급횡령이나 기밀유출과 같이 회사와 관련된 다른 비도
덕적인 일에 연루된 건가요?"

19

"아냐. 아냐. 절대로 아냐."

쿤은 고개를 저었다. 그리고 차분히 말을 이어갔다.

"지금까지 우리가 조사한 바로는 회사서버를 잠시 이용했던 것뿐이야. I가 염려하는 그런 일은 없었어. 물론 아직 조사 중이긴 하지만 말이야. 그렇지만 그동안 써메이션을 별로 좋아하지 않았던 주주들 사이에서 소동을 일으킨 사람을 그냥 둘 수 없다는 이야기가 나오고 있어. 그 때문에 내 맘이 더 급한 건지도 모르겠네. 알다시피 써메이션은 나에게 각별한 사람이잖나."

쿤은 커피를 한 잔 마시고 과거를 회상하며 이야기를 이어갔다.

"지금의 우리 회사가 있기까지 일등공신은 써메이션이었어. 내가 가진 아이디어를 실행시키려면 수학을 잘하는 인재가 절대적으로 필요했는데 더 좋은 회사로 갈 수도 있고 공부를 계속할 수도 있었던 써메이션이 다른 기회를 포기하고 나와 함께 해주었어. 그러고 보니 써메이션과 내가 인연이 되었던 것도 I 덕분이었네."

"별말씀을요. 저야 뭐 선배가 수학 잘하는 사람을 찾는다는 소식을 듣고 써메이션에게 알려준 것뿐인데요. 그건 어디까지나 써메이션의 선택이었어요. 공부를 계속할 줄 알았던 써메이션이 회사에 들어가리라곤 저도 예측하지 못했죠."

"과거의 사진이나 동영상 이미지를 찾는 데는 수학 알고리즘이 절대적으로 필요해. 써메이션이 만든 알고리즘은 구글의 비주얼랭크 알고리즘을 능가하거든. 그래서 기억을 지우고 싶은 거물급들의 의뢰는 거의 우리 회사로 들어왔지. 그건 지금도 여전하고 말이야. 우리 회사의 매출은 써메이션의 알고리즘 업데이트 정도와 비례한다고 보면 될 걸세. 사람들 참 재밌어. 상위층으로 올라갈수록 지워야 할 과거의 데이터양도 같이 올라가더군."

쿤은 커피를 다시 한 모금 들이키고 계속해서 써메이션에 대한 기억을 이어갔다.

"써메이션의 수학실력도 실력이지만 그 기억력은 어떻고. 한 번 본 코딩은 그게 몇 페이지라도 다 외운다니까! 나 같은 사람은 몇 개월 걸릴 일을 숨 쉬듯 자연스럽고 쉽게 해내는 모습을 바라보면 아름다운 연주를 보는 느낌이야. 물론 나와 전혀 다른 능력을 지닌 그에게 질투를 느끼지 않았다면 거짓말일 걸세.

그런데 도대체 어딜 간 건지……. 아니 늦게 돌아올 거면 휴가를 며칠 더 쓰겠다고 하면 될 일 아닌가."

쿤은 푸념을 늘어놓은 뒤 한숨을 쉬었다.

"도움을 못 드려서 죄송하네요."

"무슨 그런 말이 있어. 바로 찾을 수 있을 거란 생각으로 오진 않왔네."

쿤은 다 마신 잔을 내려놓고 한동안 말이 없었다.

"대표가 어느 쪽에 치우쳐서는 안 되겠지만 자네니까 말하지. 난 써메이션이 없는 상태에서 그를 불명예스럽게 회사에서 내보내는 걸 그냥 두고만 볼 수 없어. 그만둘 수밖에 없더라도 써메이션이 제자리로 돌아온 후 그렇게 하고 싶네. 그래서 어렵지만 자네에게 부탁을 하려고 직접 찾아온 거라네."

"부탁이요?"

"써메이션의 행방을 좀 찾아줄 수 있겠나? 자네와 친구들은 써메이션과 각별하다고 들었어. 우리도 회사 차원에서 써메이션의 행방을 찾겠지만 그래도 써메이션을 잘 아는 친구들이라면 좀 더 쉽게 찾지 않을까?"

"아! 네."

I는 뭐라 대답해야 할지 몰랐다. 솔직히 말하면 써메이션과 각별한 친구인 것은 맞지만 각자의 위치에서 바쁘게 살다 보니 최근에는 서로 연락을 한 지 오래되었기 때문이다.

"물론 우리도 여러 가능성을 염두에 두고 있어. 경찰에 실종 신고를 할 타이밍을 적절히 보고 있을 걸세. 하지만 내 직감으로는……."

"뭔가 짚이는 게 있으세요?"

"회사에 공식적으로 휴가를 신청하긴 했지만 지금 보니 책상이 깔끔하게 정리되어 있었어. 자신이 했던 업무를 다른 사람이 알아보기 쉽도록 매뉴얼까지 만들어놓았더군. 그렇게 어려운 업무 내용을 누구나 이해하기 쉽게 매뉴얼로 만든 것을 보고 혀를 내둘렀지. 그리고 회사에서 제공한 써메이션의 오피스텔을 가봤는데 잠시 휴가를 갔다 오려고 자리를 비운 상태는 아니었다는 거야. 그런 모든 정황을 보면 멀리 떠날 것을 계획한 사람이라고 생각되거든."

"혹시 평소와 다른 조짐은 없었나요?"

"자살이나 뭐 그런 거 말이야? 글쎄…… 장담할 수는 없지만…… 주변 사람들 말을 들으면 그런 징후는 없었대. 다만 한 가지……."

쿤은 뭔가 생각난 듯이 말끝을 흐렸다

"한 가지 뭐요?"

"휴가를 떠난다고 하기 몇 주 전부터 멍하니 사색에 잠기는 횟수가 좀 늘긴 했다더군. 숫자에 꽂히면 한 가지 일에 몰두하거나 혼자 중얼거리는 것은 원래부터 있었지만 좀 슬퍼 보였다고나 할까? 그렇게 말을 하는 직원이 몇 명 있었네."

"그렇군요."

쿤은 시계를 보고 숨을 고른 후 창가를 봤다. 하얀 겨울의 하늘과 운동장이 보였다. 흰 눈이 쌓인 운동장에 아이들이 발자국으로 낙서를 그리며 놀고 있었다.

"좋을 때지. 저때가 그립군."

I도 운동장을 함께 바라봤다.

"하늘과 땅 사이에는 우리가 학문과 논리로 설명할 수 없는 게 더 많다. 그것은 받아들여야 할 운명 같은 거다."

쿤이 중얼거렸다.

"『햄릿』의 한 구절이군요."

"써메이션을 자네에게 부탁해야겠다는 내 느낌이 바로 그렇다면 이해가 되겠나?"

쿤은 주머니에서 주섬주섬 뭔가를 찾더니 탁자에 내밀었다.

"이거 써메이션 오피스텔 열쇠야. 써메이션 찾는 것을 부탁하네."

당신의 기억이
여기 있습니다

"드드륵 드르륵."

날씨가 추운 겨울엔 트램을 탄 사람들이 많다. 주말을 앞둔 금요일이라 사람들의 표정이 밝았다. 하울은 사람들 틈에 끼어 간신히 안주머니에서 진동이 울리는 전화를 꺼냈다. 발신자는 I였다.

"어이, 이게 누구야."

하울은 작지만 밝은 목소리로 전화를 받았다.

"목소리가 왜 그래?"

늘 쩌렁쩌렁 호탕하게 말하던 하울답지 않은 목소리를 I가 그냥 지나치지 않았다.

"트램 안이야."

하울은 속삭였다.

"그렇구나. 그럼 내가 나중에 전화할까?"

"조용히 받을게. 왜?"

"응. 네 안부도 궁금하고 한 가지 개인적으로 물어보고 싶은 것도 있고 해서."

"내 안부가 궁금했다고? 난 잘 지내고 있어. 지금도 새로운 납품처에 답사를 가는 길이야. 내가 이래 봬도 능력 있는 세일즈맨이잖아."

하울은 연구소, 병원, 학교 등에 각종 시약, 실험 관련 물품 등을 납품하는 회사에 근무하고 있다.

"하하. 그래, 넌 그 분야의 최고라 들었어."

"역시 다들 사람 볼 줄 안다니까."

하울은 너스레를 떨었다.

"개인적으로 물어보고 싶다는 건?"

"음……. 혹시 마크 소식 알아?"

I는 뜸을 들이다 용기 내어 물었다.

"마크라고 하면 우리 중학교 동창? 나하고는 고등학교 동창이기도 하군."

"맞아, 그 마크."

"알지. 알다마다. 국립뇌과학연구소에 선임연구원으로 있잖아.

그것도 아주 잘나가고 있지. 마크 덕에 우리 회사가 거기에 납품하게 됐거든. 또 다른 곳도 소개시켜줬고. 내가 능력 있는 세일즈맨 자리에 오를 수 있도록 시작을 틔어준 고마운 친구지."

"고마운 친구?"

I의 기억 속에 마크는 자신의 친구들과 별로 좋은 사이는 아니었기에 하울의 답변은 의외였다.

"철이 없을 때야 네 편 내 편 만들면서 나와 친한 친구와 사이가 안 좋은 아이들을 무조건 나쁘게 봤지만 어른이 되어 보니 다 부질없더라고. 우리가 써메이션이랑 지내게 되면서 마크랑 더 멀어지게 된 건 사실이잖아. 그런데 사회에 나와서 마크를 우연히 다시 만나게 됐는데 아주 괜찮은 녀석이었어. 동창이라며 날 잘 챙겨주고 말이야. 친구를 곤경에 빠뜨리고 모른 척한 써메이션보다는 훨씬 좋은 사람이더라. 더 어려서부터 친해지지 못한 게 후회됐지."

"넌 그때 그 일을 여전히 써메이션이 한 일이라고 생각하고 있구나."

"그럼 누가 한 건데?"

나긋나긋하게 속삭이던 하울의 목소리가 갑자기 커졌다. 트램 안 모든 사람들의 시선이 그에게 쏠렸다. 하울은 자신의 통화 목소리가 너무 컸다는 생각이 들었는지 트램 안 사람들의 눈치를 살폈다. 그러고는 전화기를 잠깐 귀에서 떨어뜨리고 짧게 숨을 내쉰 후 흥분을 가라앉히고 조용히 말했다.

"그런데 갑자기 마크는 왜?"

"응. 그게 전화로 말하기가 애매해."

하울의 차갑고 단호한 목소리에 당황한 I는 말을 더 이어갈 수 없었다.

"마크 소식 고마워. 내가 또 연락할게."

"우리도 나중에 한번 만날 기회가 있겠지? 아깐 나도 모르게 소리 질러 미안해. 난 너에겐 나쁜 감정 없어."

하울은 전화를 끊었다. 자신이 감정을 잘 조절하지 못했다는 생각에 머쓱했다.

환승 정류장에서 사람들이 많이 내렸다. 하울은 손잡이를 잡기 조금 편한 자리로 옮기고 창밖을 바라봤다. 연일 이어지는 강추위로 거리의 사람들은 모자와 장갑, 목도리로 몸을 꽁꽁 싸맸다. 써메이션에 대한 하울의 마음은 사람들의 옷차림처럼 꽁꽁 묶여 있는 듯했다.

"내 꿈! 내 미래가 산산 조각난 그때를 어떻게 잊어. 그 일은 나에겐 여전히 현재라고."

하울은 혼자 중얼거렸다. 전화를 끊고 나서도 한참을 더 간 후 트램에서 내렸다. 그리고 택시를 탔다. 택시로 얼마 가지 않자 도심을 벗어난 한적한 풍광이 나타났다. 흰 눈에 덮인 나무들 사이로 노란색 빌딩이 보였다. 목적지에 도착한 하울은 택시에서 내렸다. 공기만 맡아도 머리가 시원해지고 맑아지는 조용한 곳이었다.

> **당신의 기억이 여기 있습니다. C & M 리멤버연구소**

아주 작은 글씨의 간판이 보였다. 그 간판이 아니었으면 예쁜 건물과 아름다운 조경이 어우러진 리조트에 온 것으로 착각할 뻔했다. 새로 납품하게 된 곳은 기억상실, 치매, 알츠하이머, 파킨슨병을 비롯한 뇌질환을 연구하는 곳이었다.

"이렇게 공기가 맑고 조용한 곳에 있으면 약이 없어도 정신이 맑아지겠는데?"

하울은 자신이 약을 납품하러 왔다는 사실도 잊을 만큼 처음 온 이곳에 마음을 빼앗겼다. 실내로 들어서자 차갑고 무미건조했던 다른 연구소와 달리 호텔 같은 분위기의 로비가 나타났다. 깔끔하게 차려 입은 직원이 반갑게 인사하며 태블릿을 내밀었다.

"기본적인 인적사항을 입력해주시면 됩니다."

입력을 끝내자 화면에 '원장님과 예약시간 확인'이라는 메시지가 나타났다. 직원은 올라가는 엘리베이터를 안내해주었다.

엘리베이터에서 하울이 내리는 순간, 다른 편 엘리베이터에서는 비서가 막 손님을 배웅한 후 돌아서려던 참이었다.

"안녕하세요, 하울 씨. 반갑습니다."

하울은 원장실에 들어갔다. 손님이 방금 나간 원장실에는 커피 향이 가득했다.

"이렇게 멀리까지 오시게 해서 죄송합니다. 오시느라 고생 많으셨어요. 닥터 채드입니다. 직원들은 보통 원장이라고 부르죠. 우리 연구소와는 처음 납품하는 거죠? 오늘만 저를 뵐 거예요. 처음 거래를 하는 회사 담당자와 하는 의례적인 절차입니다."

채드 원장은 미소를 지으며 말했다.

"네. 알고 있습니다. 다른 곳도 다 그렇고요."

하울은 면접을 보러온 신입사원처럼 활기찬 모습으로 대답했다.

"회사의 신뢰도가 아주 높더군요. 저희도 그렇게 믿고 맡길 수 있게 되길 바랍니다. 이야기로만 듣다가 하울 씨를 직접 뵈니 더 믿음이 갑니다. 잘 부탁합니다."

"네. 감사합니다."

닥터 채드의 말은 하울에게 모호하게 들렸다. 자신에 대한 이야기를 들었다는 것인지 회사에 대한 이야기를 들었다는 것인지 확실하지 않았지만 그렇다고 물을 이유도 없었다. 납품하는 회사의 입장에서 대표에게 긍정적인 인상을 주었다는 것만으로 큰 소득이었다.

"주변 경관이 아주 좋네요."

하울이 덕담을 건넸다.

"네. 뇌건강을 위한 곳이라 더더욱 조경에 신경을 많이 썼죠. 다섯 가지 감각이 잘 발달되도록 말이죠. 최근에는 여섯 번째 감각에 대한 연구도 진행 중인데 그것을 어떻게 반영할 수 있을까 고민 중이에요."

"여섯 번째 감각이요?"

"네. 뇌는 이성적인 분야겠지만 우리가 이성과 과학으로만 접근해서는 답을 알아낼 수 없는 분야도 존재해서요. 아주 실험적인 시도이지요."

"제가 잘 몰라서 그러는데요. 그럼 여기는 연세가 많은 분들이 주로 사는 실버타운 같은 공간인가요?"

"꼭 그렇지만은 않습니다. 지금 막 다녀가신 분은 오늘부터 입주하는 분인데 젊으시죠."

"젊다면?"

"20~30대 분들도 계십니다."

"아. 네에."

하울은 말끝을 길게 끌었다. 이렇게 하는 것은 하울이 자신의 예상과 다른 사실을 알게 될 때 하는 버릇이다.

"산책로가 잘 조성되어 있어요. 이왕 먼 길 오셨으니 산책하고 타운도 구경하고 그러세요. 일반인은 제한되어 있지만 제가 1일 통행증을 드리도록 하겠습니다. 우리와 함께 일하는 분들은 모두 가족이죠. 한번 둘러보는 것도 우리 연구소를 이해하시는 데 도움이 되지 않을까요."

채드 원장에게선 온화한 카리스마가 뿜어졌다. 아주 오랜만에 좋은 기운이 느껴지는 사람을 본 하울은 기분이 한결 나아졌다. 환자들이 이곳을 좋아하는 이유를 알 것 같았다.

"참! 타운 안에 우동집이 있는데 맛이 끝내줍니다. 추울 땐 우동이 최고죠."

"아! 네. 감사합니다."

"별말씀을요. 저희가 더 잘 부탁드립니다."

"그럼 좋은 시간 보내세요."

하울은 원장실을 나왔다. 비서가 엘리베이터로 안내했다. 1층에서 올라오는 엘리베이터를 기다리면서 하울은 비서와 짧게 이야기를 나누었다.

"저도 나중에 여기 와서 살고 싶군요."

"오시면 저희야 반갑겠지만 어쩌면 안 오시는 게 더 건강한 삶을 사시는 게 아닐까요?"

"그런가요?"

"그런데 연세가 많으신 분들은 여기까지 누구 도움 없이 찾아오는 게 쉽지 않겠어요."

"여기는 사람들이 머무는 곳이지만 시내에도 간단한 상담을 하는 공간이 있어요. 혹시 원장님과 상담하고 싶은데 여기까지 올 형편이 안 된다면 그곳을 방문하시면 돼요."

비서는 프로의식을 갖고 연구소를 적극적으로 홍보했다. 어느새 엘리베이터가 도착했다. 하울은 비서와 인사를 나눈 후 엘리베이터를 타고 로비로 내려왔다. 이곳에 도착했을 때 처음 만난 직원이 준비된 1일 통행증을 주며 주변 길을 안내해주었다. 하울은 시간을 먼저 체크했다. 외부출장이라 넉넉하게 시간을 비워두었는데 다행히 미팅시간이 길지 않아 한두 시간 정도의 여유가 있었다. 하울은 연구소 건물을 나가 타운을 향하는 산책길로 들어섰다.

'한겨울에 보는 사철나무의 진초록은 또 감회가 다르네. 동양적이야.'

산책로에 빽빽이 들어선 사철나무 사이로 하얀 눈이 적절히 여백을 만들어주고 있었다. 어릴 적 미술관에서 우연히 만난 동양화와 닮아 있었다. 하울은 영업을 하다보니 고객의 취향에 맞추기 위해 다양한 공부를 했다. 처음 납품을 추진할 때는 회사 대표가 동양화를 좋아한다는 이야기를 듣고 동양화를 공부한 적이 있었다. 화려한 유화를 주로 보다가 처음 동양화를 봤을 땐 '이렇게 쉽게 그림을 그려도 되는 건가?'라는 생각이 들었지만 우리가 삶에서 만나는 모든 고수들의 모습이 그렇듯 단순하게 표현하기 위해서는 더 많은 내공이 쌓여야 함을 깨닫고 생각이 달라졌다.

산책길은 기대 이상이었다. 한겨울에도 초록을 볼 수 있고 계절에 따라 색이 변하는 나무들도 적절히 배치되어 있었다. 많은 사람을 만나다보면 소나무와 같이 항상 한결같은 사람도 있지만 단풍나무처럼 사시사철 색이 바뀌는 사람도 있다. 산책길에서 만나는 풍경은 꼭 사람 사는 세상을 보는 듯했다.

'숲처럼 사회도 그렇게 다양한 색을 가진 사람들이 섞여 있어야 지루하지 않겠지.'

길을 따라 걸으며 하울은 그동안 만났던 여러 사람들을 연상하는 재미에 시간이 가는 줄 몰랐다.

좀 더 걷다보니 제법 규모가 있는 인공호수가 나타났다. 물고기도 보였다. 호수 위를 수영하고 있는 오리의 발이 보일 정도로 물이 맑았다. 분수는 겨울이라 작동하지 않았다. 따뜻한 계절에 왔으면 물줄기에 가려 보지 못했을 분수대 조각의 정교함이 눈을 사로잡았다. 로즈가든이라고 적힌 안내판을 보니 장미가 피는 철에 또 한 번 오고 싶다는 생각이 들었다. 조금 더 걸어가니 기괴한 괴석과 나무로 이루어진 분재작품들이 산책로를 풍성하게 했다. 겨울철 곳곳 보수작업을 하는 인부들의 모습도 보였다. 산책로는 주변 산과 잘 조화를 이루도록 적절한 야생의 모습을 유지하면서도 환자들이나 방문객들이 불편하지 않도록 편의시설을 배치하여 자연과 인공 조형물이 황금비를 이루고 있었다.

"참 잘 만들었네. 도대체 여기는 얼마가 있어야 들어올 수 있지?"

하울은 이곳이 마음에 들었다. 노후에 이런 곳에서 지내면 어떨까, 하는 생각이 스쳐 지나갔지만 꽤 많은 돈을 들여야 할 것 같았다. 언제부터인가 경제적인 능력의 범위 안에서 꿈을 갖게 된 하울은 여기서 여생을 보내는 상상은 아주 잠깐 동안의 사치로 흘려보냈다. 대신 건강하게 살아야겠다는 각오를 다지는 것으로 현실을 붙잡았다.

풍경에 취해 걷다보니 어느새 산책로의 끝자락에 다다랐다. 그곳은 산 쪽으로 가는 잣나무길과 타운 쪽으로 가는 길로 나눠졌다. 기분 같아서는 산 쪽으로 가서 삼림욕을 하고 싶었지만 다시 회사로 돌아가야 할 시간까지 고려하여 타운 쪽으로 향했다. 계속해서 이상과 현실 사이에서 줄다리기 하는 자신의 모습에 어이없는 웃음이 터져나왔다.

타운은 테마별로 조성되어 있었다. 동화의 삽화처럼 원색으로 칠해진 아기자기한 건물도 있고 모던하고 세련된 모습을 한 건물도 있고 동양적인 건물도 있었다. 세계 건축물이 모두 모여 있는 느낌이 들었다. 산만할 것 같았지만 각자 건물의 개성은 살리되 전체적인 조화를 놓치지 않았다. 이런 곳에 있다보면 모든 감각이 생생하게 다 살아날 것만 같았다.

"캬! 어디 가나 전문가들은 참 대단하구만. 혼자 보기 너무 아깝군."

건물을 다 보려면 시간이 너무 걸릴 것 같았다. 남은 시간에 채드 원장님이 알려준 우동을 먹고 가려면 발길을 돌려야 했다. 어느 쪽으로 가야 하나 두리번거리다 정원 정리를 하고 계신 어르신이 보여 다가갔다.

"안녕하세요."

정원 일을 하고 있는 분은 연세가 지긋했다. 일을 할 나이를 한참 넘어 보였다.

"여기에 우동 잘하는 가게가 있다는데 어딘지 아세요?"

"오늘 우동집을 찾는 젊은이들이 왜 이리 많지?"

할아버지는 재밌다는 듯이 하울을 쳐다봤다.

"젊은이도 오늘 여기 들어오나?"

"네? 아뇨. 저는 잠깐 방문한 사람이에요. 채드 원장님의 소개로요."

"응. 그렇군."

"할아버지는 여기서 얼마나 일하셨어요?"

"여기서? 일하는 게 아니고 내가 사는 곳이야. 여기 사는 사람들이 정원 관리도 하고 그래."

하울은 이곳이 점점 더 흥미로워졌다.

"정원도 관리하고 청소도 하고 그런 소일거리는 우리가 한다고. 일을 하는 게 좋아. 밖에서는 일할 곳이 없잖아. 여기서는 실수해도 누가 뭐라 하는 사람도 없고, 누구든 다 실수를 하거든. 하하하."

37

할아버지가 호탕하게 웃었다.

"우동집은 저쪽으로 조금 더 가면 왼쪽으로 가는 길이 나오고 거기서 바라보면 검은색 일본식 건물이 있는데 그 집 1층이야."

"감사합니다."

"감사하긴. 사람들 길 알려주는 것도 내 기억력에 도움이 돼서 일부러 하는 일 중 하나라네. 자네가 나타나줘서 기다린 보람이 있구먼. 오늘 내가 길을 안내한 두 번째 손님이야. 아직까지는 내 기억력이 좋은 거지. 자네가 바로 찾아간다면."

"아, 네. 제가 보기엔 아직 정정하신데요."

"그렇지. '아직'은 그렇지."

하울은 괜히 젊은이의 허세를 부린 것은 아닌가 마음이 쓰였다.

"그럼, 안녕히 계세요."

돌아서는데 할아버지가 한 마디를 덧붙였다.

"잠깐, 젊은이! 그 우동집에서 어떤 불편함이 있어도 그냥 넘겨주게. 우동은 뭐든 다 맛있으니까."

하울은 알 수 없는 말을 하는 할아버지에게 어색한 웃음을 지으며 인사를 한 후, 우동집을 찾아 길의 끝으로 갔다.

끝에 다다르자 검은색의 일본식 건물이 보였다. 할아버지 기억은 아직 괜찮으셨다. 하울은 식당에 들어섰다. 종업원들이 반갑게 인사를 했다. 식당 종업원들은 대부분 나이가 지긋한 할머니, 할아버지였다.

'이거 앉아서 시켜도 되는 건가?'

웃어른들에 대한 예의가 아니란 생각이 들었다.

적당한 곳에 앉아 메뉴판을 봤다. '주문한 음식이 나오지 않을 수도 있습니다. 널리 양해 부탁드려요.'라는 문장이 제일 위에 쓰여 있었다.

'불친절함이 컨셉인가?'

알 듯 말 듯한 식당의 분위기였다.

"튀김우동 주세요."

시내 대부분의 식당은 전자 시스템으로 주문과 동시에 주방으로 메뉴가 전달되는 데 반해 여기는 그 흔한 메모지조차 없었다. 그저 종업원이 주문을 듣고 기억해서 직접 주방으로 알려주었다.

하울은 주문한 음식이 나오기 전까지 식당을 둘러봤다. 식당 안에는 혼자서 우동을 먹고 있는 사람이 있었다. 뒷모습으로 판단하건대 30대 정도로 보이는 남자였다.

'저 사람도 납품하러 왔나?'

하울은 생각했다.

연세가 지긋한 종업원들은 따뜻한 햇살이 비치는 곳에서 모여 담소를 나누다가 손님이 오면 인자한 모습으로 인사를 하고 순서대로 맡은 일을 했다. 우동을 들고 오는 분은 주문을 받은 분의 다음 자리에 앉아 있던 할머니였다.

"여기 나왔어요. 맛있게 드세요."

하울 앞에 놓인 것은 해물우동이었다.

'저! 잠깐만요?' 하고 말하려다 할아버지의 말씀이 떠올랐다. 하울은 나온 음식을 그냥 받았다. 주문과 다른 메뉴가 나왔지만 맛은 최고였다. 하울은 돌아가신 할머니가 해주던 맛이 생각났다. 국물까지 싹 비웠다.

식사를 마친 하울은 계산대로 갔다.

계산하는 곳엔 젊은 사람이 있었다.

"주문이 제대로 나왔나요?"

"아, 그게……."

"아니군요. 죄송해요."

"아……."

하울은 자신이 말하면 할머니들께 불이익이 될까 싶어 말을 아꼈다.

청년은 속삭이며 말했다.

"알고 오셨는지 모르지만 이곳은 주로 치매 노인들이 일하는 곳이에요. 여기 사는 저희끼리야 서로 잘 알지만 제가 보니 처음 오신 분 같아서요."

"아, 네······."

하울은 머리를 뭔가로 한 대 맞은 기분이었다.

"그래도 주방에서 요리를 맡고 있는 할머니께서 그 맛을 내는 방법을 아직은 기억하고 계시죠. 저희에겐 큰 기쁨이에요."

뭔가 묵직한 감정이 올라왔다.

"그럼 여기서 지내시나요?"

하울은 계산을 담당하는 젊은이를 보며 물었다.

"저는 멀쩡해 보이나요? 네, 저도 여기 살아요."

젊은이는 웃음을 지으며 계산을 마쳤다.

"저기 앉아 계시는 두 분은 서로 싸우는 게 일상이세요. 같은 상황에 있었는데도 기억하는 게 서로 다르니 매번 다투시죠. 저쪽에 계시는 분은 젊을 적 시어머니께 구박받은 일을 계속 되풀이해서 말씀하시지만 사랑했던 손자, 손녀들은 기억하지 못하죠. 기억이라는 게 참 웃겨요. 기억을 저장하는 사람에 따라 다르게 기록이 되기도 하고요, 잊고 싶은 기억은 더 오래 남는 반면 기억하고 싶은

41

건 빨리 잊혀지기도 하죠. 이곳에 있으면 말이죠, 사람의 기억을 어디까지 믿어야 하나? 그런 생각이 들기도 해요."

젊은이는 결제를 한 뒤 영수증을 내밀며 말했다.

"잘못 나온 메뉴를 이해해주셔서 감사합니다. 또 오세요."

젊은이의 말을 마지막으로 하울은 우동집을 나왔다. 회사로 들어갈 시간이 되어 식당까지 왔던 길을 따라 거꾸로 걸어 나왔다. 정원을 정리하던 할아버지는 보이지 않았다. 하울은 연구소 건물 앞에서 택시를 잡아타고 시내로 나와 트램으로 갈아탔다. 트램 안에는 사람이 거의 없었다. 하울은 젊은이에게 들은 말을 헤아려보며 트램 밖으로 지나치는 풍경을 바라봤다.

위험한 초대장

I는 선배 쿤이 건네준 써메이션의 오피스텔 주소를 들고 택시를 탔다. 하울과의 통화로 적지 않은 세월이 지났음에도 써메이션에 대한 하울의 원망은 여전히 크다는 것을 다시 확인할 수 있었다. 가장 사랑하는 두 친구가 어긋나 있는 상황이 안타까웠다.

오피스텔로 향해 가는 택시의 창밖으로 특이한 간판으로 이루어진 거리가 눈에 들어왔다. 예쁜 풍경을 더 자세히 오래 보고 싶었지만 택시의 속도로 창밖 풍경들은 금세 뒤로 뒤로 넘어갔다. 고개를 돌려 다시 보기를 반복했다. 택시는 꽤 먼 거리를 달렸다. 지나는 풍경을 다시 돌아보듯 어느 순간 I는 과거를 돌이키고 있었다.

"하울. 선생님이 찾으시는데?"

"나를?"

친구들과 운동을 막 끝내고 선풍기 아래서 땀을 식히고 있던 하울은 선생님의 부름을 듣고 교무실로 갔다. 컴퓨터 앞에서 어떤 영상을 보면서 심각하게 이야기를 나누던 선생님들은 하울이 들어서자 대화를 멈추고 각자의 자리로 돌아갔다. 하울은 담임선생님 앞에 섰다.

"하울. 상담실로 갈까?"

아이들에게 상담실은 무슨 일이 터졌을 때 사건을 조사하는 장소였다. 하울은 교무실의 심각한 분위기에 압도되어 더위도 잊은 채 선생님을 따라갔다.

"하울. 어제 저녁에 뭐했어?"

하울은 선생님의 질문을 듣고 무슨 일을 말하는지 바로 감이 왔다.

"친구들이 만나자고 해서 학교에 왔었어요."

"그리고?"

"그런데 친구들이 연락이 되지 않아 혼자 기다리다가 갔어요."

"그게 다야?"

"네!"

"학교 문이 잠겨 있었을 텐데 어떻게 들어오려고 했지?"

"아! 그건……."

하울은 대답하기 곤란한 듯 머뭇거렸다.

"하울. 솔직하게 말해."

덜 혼나려면 솔직하게 말하는 편이 낫다고 생각한 하울은 입을 열었다.

"1층 도서실 앞쪽 구석 문은 항상 열려 있어요. 그래서 그곳으로 들어올 수 있거든요."

"네가 들어오려고 미리 고장을 낸 건 아니고?"

"예? 그건 아니에요. 거기 문 고장 난 건 저만 아는 것도 아니고 요."

하울은 자신을 무슨 범인 다루듯이 하는 선생님의 말투가 불쾌했다.

"또 누가 아는데?"

"그건……. 그런데 왜 그러시죠?"

하울은 조금 짜증이 났다.

"어제 학교에 도둑이 들었거든."

"네?"

전혀 예상하지 못한 말에 하울은 순간 멈칫했다.

"글쎄, 지금 조사 중이긴 하지만 그 과정에서 학교 CCTV를 봤더니 10시쯤 도서실 앞 창문으로 들어오는 사람의 모습이 찍혔지. 어두워서 확인은 잘 안 되는데 그 화면을 보신 선생님들이 아무래도 너 같다고 하셔서 말이야. 생김새나 체격이 너랑 많이 닮아서 참고로 물어보는 거야. 너무 언짢게 생각지 마렴."

"그 시간이라면 저 맞는데요. 하지만 전 뭘 훔치러 온 건 아니에요."

상황이 심각하게 꼬일 수도 있겠다는 생각이 들자 하울은 자신이 짜증을 낼 상황이 아님을 눈치챘다.

"그럼 누구랑 만나려고 했는지 친구들 이름을 알려줄 수 있어?"

"그럼 그 친구들도 곤란해지는 건 아니에요?"

"나에겐 대답하지 않을 수도 있지만 경찰한테는 말해야 될 거야."

무표정한 선생님의 사무적인 답변에 냉랭함이 감돌았다. 하울은 겁이 났다.

"그런데 도대체 무슨 일이 일어난 거죠?"

"너도 곧 알게 될 테니 말할게. 과학 선생님의 노트북이 없어졌어. 문제는 거기에 기말고사 원안지가 있다는 거지. 물론 가져가도 보통 해킹실력이 아니면 접속도 안 될 텐데 말이야."

"전 그 시험결과와 상관이 없어요. 이미 원하는 대학에 리더십 전형으로 합격한 상태잖아요."

"물론 그렇지. 그런데 이게 이슈가 되면 그 합격을 보장할 수가 없지 않겠니? 그러니 수사에 잘 협조하고 비밀을 유지하렴. 학교도 조사가 진행되는 동안은 물론 결과가 나온 후에도 네 신분이 밝혀지는 일이 없도록 노력할 거야."

청천벽력 같은 이야기를 들은 하울은 도대체 어떻게 해야 하는지 감이 오질 않았다.

'이거 뭐지? 난 잘못한 게 없다고. 잘못이라면 제대로 된 문으로 들어오지 않은 것뿐이야. 도둑이라니 말도 안 돼.'

하울은 정신을 차려야겠다고 생각했다.

'가만히 있으면 안 되겠어. 내 알리바이를 적극적으로 보여야지.'

하울은 자신의 알리바이를 증명해줄 친구들을 떠올렸다. 먼저 어제 만나자고 자신에게 연락한 써메이션에게 전화를 걸었다.

"받아, 제발 받아."

써메이션은 전화를 받지 않았다. 써메이션이 전화를 잘 받지 않는 것은 늘 있는 일이었다. 마음이 다급해진 하울은 약속장소에 나타나지 않은 I의 교실로 달려갔다. 마지막 남은 시험결과가 필요한 I는 밤늦게까지 공부하느라 쉬는 시간에 엎드려 잠을 청하고 있었다. 친구가 찾아왔다고 깨우자 어슬렁거리며 복도로 나왔다.

"I, 어제 왜 안 왔어?"

"어딜?"

"어제 써메이션이 우리 학교에서 만나자고 했었잖아."

"무슨 소리야? 써메이션을 왜 우리 학교에서 만나?"

I는 하울을 혼란스럽게 했다.

"너는 초대장 안 받았어?"

"무슨 초대장? 지난번 써메이션 학교로 초대받을 때 그거?"

"아니! 이번엔 우리 학교에서 만나자고 했잖아."

하울은 I의 눈을 봤다. 장난을 치고 있는 눈빛이 전혀 아니었다. 하울은 이 일이 자신에게 생각보다 심각한 일이 될 조짐을 느꼈다. 종이 울리고 I와 하울은 각자의 교실로 들어갔다.

하울은 다시 쉬는 시간이 되길 간절히 기다렸다. 수업을 마치는 종이 울리자마자 티몬의 교실로 달려갔다.

"무슨 소리야. 써메이션이 왜 우리 학교에서 만나자고 해?"

I와 같은 대답에 하울은 자신도 모르게 큰 소리를 쳤다.

"도대체 너희들 왜 그래?"

"너는 왜 그러는데?"

영문도 모르는 티몬은 붉게 상기된 채 예민한 눈을 하고 복도에서 소리치는 하울을 바라봤다.

하울은 뭔가 일이 잘못되어가고 있음을 확실히 인지했다. 이렇게 섣불리 들쑤시고 다니다가 모르는 아이들도 알게 될 수 있으리라는 생각에 티몬에게 인사도 없이 교실로 급하게 돌아갔다.

"뭐지. 뭐야? 내가 뭐에 홀렸었나?"

같은 학교에 다니는 I와 티몬에게 방과 후에 만나자는 메시지를 남기고 하울은 학교가 끝나기만을 기다렸다. 셋이 방과 후 자전거 주차장에서 만났다.

"하울? 무슨 일이야?"

"이거 보라고."

하울은 자신에게 온 편지를 보여줬다.

"아직 이런 손편지를 쓰는 사람이 있어?"

티몬과 I는 하울이 내민 편지를 봤다.

"초대장이네? 어젯밤 10시. 우리 학교."

"지난번 써메이션이 보낸 형식과 비슷해."

티몬과 I는 말했다.

"써메이션이 보낸 게 아니고?"

하울은 재차 확인했다.

"글쎄, 어디에도 써메이션이 보냈다는 정보가 없잖아. 써메이션이었다면 우리한테도 보냈겠지. 그리고 써메이션이 특이한 건 좋아하지만 손편지까지 쓰진 않을걸?"

하울의 애가 타는 마음을 모르는 티몬과 I는 아무렇지 않게 말했다.

"그런데 이게 왜? 너 이거 때문에 어제 우리 왜 안 왔냐고 한 거야? 난 이런 거 안 받았어."

티몬이 말했다.

"나도."

I도 말했다.

"아! 그래서 어제 헤어질 때 이따 보자고 한 거야?"

티몬이 말했다.

"난 네가 늘 농담을 해서 내일 학교에서 보는 걸 그렇게 말한 줄 알았지. 그런데 왜 무슨 문제라도 있는 거야?"

티몬과 I는 동시에 하울을 바라봤다.

"응. 나 지금 도둑으로 의심받고 있어."

"뭐?"

티몬과 하울은 놀라 눈을 크게 떴다.

"혹시 써메이션이 나만 만나고 싶어서 연락한 건 아닐까?"

하울은 어떻게든 자신의 알리바이를 확인하고 싶었다.

"써메이션에게 확인해보면 되지."

티몬과 I는 좀 더 적극적으로 하울의 상황을 함께 해결해주고자 했다.

"전화 안 받아."

"원래 전화 잘 안 받지. 잘 하지도 않고!"

"그래도 다시 한 번 해봐. 급한 일인 것 같으면 연락줄 거야."

"그래. 다시 해보자."

늘 여유 있던 하울이 초조하고 긴장한 모습을 보니 I와 티몬은 뭔가 심각한 일이 제대로 벌어졌음을 알 수 있었다. I와 티몬은 자신의 일인 듯 돌아가면서 써메이션에게 전화를 했다. I가 전화를 건 차례에 써메이션이 받았다.

"써메이션? 혹시 하울에게 어제 만나자고 손편지 썼어?"

기억의
책상 서랍

"손님, 다 왔습니다."

"손님, 다 왔습니다?"

과거와 현재가 오버랩되었다. 택시기사 아저씨의 부름으로 I는 과거의 기억에서 일단 하차했다. 오피스텔 건물이 눈에 들어왔다. 관리실을 거쳐 써메이션의 방 앞에 도착했다. 선배가 준 열쇠로 문을 열고 들어갔다. 실내는 깔끔했다. 부엌의 살림살이는 한 번도 사용하지 않은 듯 깨끗하게 정리되어 있었다. 소파 위의 쿠션도 완벽하게 정렬되어 있었다. 물고기도 해초도 없는 어항엔 맑은 물만 남아 있었다. 책상 위엔 작은 메모지 한 장조차 없었다. 선배의 추측대로 써메이션은 이곳을 떠나기 위해 모든 것을 정리했다는 확신이 들었다.

아무 흔적도 없는 것 같은 공간에서 I는 혹시나 써메이션의 행방을 알 수 있는 단서를 찾을 수 있지 않을까 하는 간절함으로 구석구석을 살폈다. 책상 서랍을 열었다. 사무용품들이 정리되어 있을 뿐 도움이 될 만한 것은 없었다. 서랍을 차례차례 열어보았다. 그런데 마지막 서랍은 잘 닫히지 않았다. 서랍을 앞으로 뺐다가 조금 더 세게 닫아보았지만 역시나 처음 있던 위치대로 돌아가지 않았다. 고개를 숙여 들여다보니 서랍 뒤편에 뭔가 끼어져 있었다.

"뭘까?"

I는 서랍을 통째로 빼려고 시도했다. 하지만 서랍은 분리되지 않은 일체식이었다. I는 끼어 있는 물체를 꺼내려고 바닥에 무릎을 대고 자세를 잡았다. 그러고는 작은 공간에 손을 뻗쳤다.

"종이구나!"

I는 손에 잡힌 종이를 꼭 쥐고 꺼냈다. 그 과정에서 손등이 긁혔다. 종이에 손이 베일 때처럼 느낌이 좋진 않았다. 손등을 몇 번 쓰다듬은 후 구겨진 종이를 폈다. 즉석사진이었다. 사진 속엔 써메이션과 어떤 여자가 다정하게 어깨동무를 한 모습이 담겨 있었다.

"누굴까?"

써메이션과 친하다고는 했지만 써메이션에게 여자친구가 있다는 사실은 알지 못했다. 더 솔직히 말하면 I는 써메이션이 수학에만

53

모든 관심이 집중되어 있어서 이성 친구에는 관심이 없을 거라 생각했었다. I는 사진을 한참 들여다봤다. 사진 속 여자의 모습은 이상하게 낯설지 않았다.

"어디서 봤더라."

I는 곰곰이 생각했다. 알 듯 말 듯 누군가의 모습이 언뜻언뜻 스쳤다.

"아! 이 여자는? 혹시?"

과거의 기억 사전에서 찾은 한 인물로 확신한 I는 어딘가에 전화를 걸었다.

감정을
읽는 물건

"추위도 너무 춥네."

눈만 보이게 온몸을 감싼 아크만이 연구실로 들어왔다. 장갑을 낀 손에는 우편물을 들고 있었다.

"추위도 점점 독해지는 것 같아."

아크만은 한 손으로는 모자와 목도리를 벗으면서 다른 한 손으로는 봉투를 잡은 채 입으로 봉투를 뜯으려고 애를 썼다. 하지만 둘레를 따라 테이프가 붙어 있는 봉투는 잘 뜯어지지 않았다.

"여기 있어요."

버둥거리는 모습이 한심하다는 듯 쳐다보며 에밀리가 가위를 건넸다.

"고마워."

찡긋 웃을 때 생기는 아크만의 한쪽 보조개가 나타났다.

"보조개 오랜만에 나왔네요."

아크만의 애교는 에밀리에겐 통하지 않는 듯했다.

아크만은 가위로 봉투를 잘랐다. 봉투 안에는 현상된 사진 더미가 있었다.

"사진이네요? 일할 때는 사진을 그렇게 많이 찍어도 현상을 하지는 않으셨잖아요?"

에밀리는 이해할 수 없다는 듯한 눈빛으로 아크만을 봤다.

"이건 자료가 아니라 내 추억이거든."

아크만은 봉투 안의 사진 더미를 꺼내 행복한 눈빛으로 한 장 한 장 넘겼다.

"저도 봐도 돼요?"

에밀리는 어느덧 사진을 들고 있는 아크만 옆으로 왔다.

"그래."

"조카들이랑 다녀온 여행 사진이야."

아크만은 사진을 넘겨보다가 한 사진을 응시하며 뭔가 생각난 듯 혼자 웃었다.

"여행 다닐 때 눈이 많이 왔네요. 박사님은 물과 떼려야 뗄 수가 없나봐요."

에밀리도 사진을 함께 보며 말했다.

"사진을 현상하는 사람이 아직도 있네요. 전 최근 들어 사진을 찍기는 많이 하는데 컴퓨터에 저장만 해두는 걸로도 배가 불러서 현상을 하지는 않거든요. 대부분 스마트폰으로 사진을 보니까요."

"대부분 다 그렇지. 잔뜩 찍어두고 아무도 안 보는 아이러니."

아크만이 말했다.

"그렇긴 하네요. 놓칠까봐 전전긍긍 사진을 찍으면서 돌아오면 다시 보는 경우가 정말 적어요. 그래서 그런지 할머니는 너희는 어딜 가도 핸드폰 카메라부터 꺼내기 바쁜데 사진은 도통 볼 수가 없다고 말씀하셨죠."

"눈이 가장 좋은 렌즈니 눈에 많이 담으라고."

"그러면서 조카들 사진은 정말 많이 찍으셨네요."

"그런가?"

에밀리와 아크만은 함께 웃었다.

"사진을 현상한 다른 이유가 있으신가요?"

평소 아무 이유 없는 행동을 하지 않기에 에밀리는 아크만의 생각이 궁금했다.

"현상한 사진은 여기에 찍힌 순간이 과거라는 것을 볼 때마다 확인시켜주거든."

사진을 넘기며 아크만은 말했다.

"그건 또 무슨 말이에요? 생생하게 기억하려고 사진을 뽑는 거 아니에요? 좋은 기억을 오래 유지하려고요."

"그럴까? 사진 속의 그 장면은 아무리 생생하게 보여도 이미 과거야. 그런데 그 과거를 기억한다는 것이 말이야, 재미있어. 같은 장소에 있었어도 모두 다르게 기억하거든. 내가 기억하는 것과 내 조카들이 기억하는 것은 같지 않아. 같은 말을 나누어도 그 순간에 느낌은 사람마다 다 다르게 기억되는 법이거든. 그때의 공기, 색, 나의 표정, 주변 사람들……. 아마 우리는 똑같이 기억해낼 수 없을 거야. 같다고 착각할 뿐이지. 우리는 무엇인가를 기억에 저장할 때 컴퓨터처럼 물리적인 환경을 그대로 입력하는 것이 아니라 자신만의 느낌으로 한번 변환을 하잖아. 문제는 그런 변환을 거친다는 사실을 인지하지 못하는 데 있어."

"그게 뭐 그렇게 중요한가요?"

"행복할 때는 뭐든 상관없지만 한 사람의 기억에 의지한 증언만으로 다른 사람의 인생이 좌우되는 상황이 가끔 있어. 그럴 때 사람의 기억은 같지 않다는 사실을 섬세하게 의식하지 못한다면 큰 불행이 일어날 수 있지."

"내 기억은 언제나 틀릴 수 있다는 것을 자각하는 매체라는 말씀이세요? 사진이?"

"응. 나에겐 그래."

아크만은 눈을 찡긋거리며 미소를 지었다.

"너무 심오해서 저 같은 하수는 그 말씀에 완벽히 공감해 드릴 수가 없네요. 암튼 조카 사진을 보면서 좋아하시는 모습을 보니까 저도 할머니께 그동안 찍은 사진을 조금 현상해 드려야겠다는 생각은 들어요. 핸드폰에서 찾지 않아도 늘 보실 수 있게 말이죠."

"그래, 그렇게 해드려. 젊은이들은 디지털에 익숙하지만 할머니는 현상사진을 더 좋아하실 거야."

아크만 박사는 사진의 마지막장을 에밀리에게 넘겼다. 그러고는 벗었던 목도리와 모자를 옷걸이에 걸면서 물었다.

"오늘은 연락 온 곳 없어?"

에밀리는 지난밤에 온 메일과 보고해야 할 자료를 정리한 파일을 집어들었다.

"라이프 컴퍼니 인사담당 칼이 지난번 프로젝트 제안 건으로 연락을 했어요. 박사님과 회사대표님의 미팅을 잡고 싶으시대요."

"그렇군. 칼 그 사람 말이야. 생각이 유연하고 상당히 진취적이더군. 전공이 물리인데 인사담당이야."

"기업이 운영되는 데 사람만큼 중요한 건 없으니까요. 사람을 제대로 보기 위한 시도가 다양하게 이루어지고 있더라고요. 그러다 보니 인사를 담당하는 분들의 전공도 여러 분야로 확대되는 추세래요."

"그러게. 사람을 뽑는 사람이 창의적이어야 창의적인 인재를 알아볼 수 있겠지.

우리가 진행했던 연구결과 보고서가 마무리되는 즈음 만나는 것이 좋을 것 같아."

"네. 그렇게 잡도록 할게요."

에밀리는 파일에 아크만의 결정사항을 적었다.

"어제 들어온 촬영사진 좀 보내줄래?"

"네. 바로 전송해 드릴게요."

에밀리가 책상에 앉아 전송을 하자 연구소 모니터엔 다양한 모양의 결정 사진이 펼쳐졌다.

"캬~ 아름답군. 이번 결정은 어느 연구군의 결정이야?"

"짐작하신 대로요."

"사랑을 막 시작한 사람들이군."

마우스로 돌려가며 결정 사진을 바라보다 아크만이 말했다.

"참 신기하지. 사람들이 내보내는 감정의 파동을 물과 공기가 고스란히 기억한다는 사실 말이야."

"네. 물, 공기처럼 말 없는 물질들이 보여주는 진실에 매료되어 저도 박사님과 함께하게 된 거죠."

"사람의 파동을 고스란히 흡수하여 나타내고 있다는 것은 정말 경이로워."

"네. 사랑이 충만한 사람, 슬픔을 갖고 있는 사람, 긍정적인 사람, 나쁜 일을 저지르는 사람. 각각이 일정한 패턴을 보이며 일반화되는 것이 놀랍고요."

"그래. 데이터를 확보하는 데 시간이 많이 걸리긴 했지만 이 결과가 무궁무진하게 사용이 될 걸 생각하면 보람이 더 커."

에밀리는 책상 위에 놓여 있던, 물이 담긴 투명 크리스털 정육면체를 돌려가며 말했다.

"CCTV나 블랙박스 같은 카메라 앞에서 사람들은 알게 모르게 주변을 의식하면서 감정을 가식적으로 표현해요. 그런데 요상한 이 물건은 집에 놓인 어항이나 화분처럼 장식이 되어 있어서 사람들이 의식하지 않고 자연스럽게 행동한 결과를 담을 수 있단 말이죠. 그래서 더 신뢰할 수 있어요."

"그럴 수도."

"이번에 새로 개발한 냉장고 마그네틱도 예쁘게 잘 나왔어요."

에밀리는 여러 가지 모양의 냉장고 마그네틱을 살펴보며 말했다.

"이 납작한 마그네틱 안에 소리를 흡수해 공기의 파동을 저장하는 전자칩이 있다니! 저희가 만들었지만 놀랄 만한 기술이에요. 그동안 연구 개발하면서 그만두고 싶을 때가 한두 번이 아니었는데 이렇게 완성된 제품을 보니 뿌듯하긴 하네요."

"그만두고 싶었다니. 너무 편하게 말하는 거 아냐? 나 여기 대표라고."

"사람 말은 끝까지 들으셔야죠. 우리의 연구가 실생활에 활용되고 다양한 성과가 나오니 요즘은 정말 일할 맛 납니다!"

"나도 그래."

에밀리와 대화를 나누는 도중에도 아크만은 그저 경이롭다는 눈빛으로 모니터를 바라봤다.

"난 이 사진들을 보고 있으면 겸허해져. 매일매일 내 파동은 어땠을까? 반성이 들고."

에밀리가 거들었다.

"보이지 않는 것을 보이게 한 박사님은 꼭 물과 공기 같은 존재시죠. 없어서는 안 되는 존재 말이에요."

"점심을 맛있는 걸 먹고 싶은 게군."

에밀리의 칭찬으로 얼굴에 미소를 머금은 아크만은 전화와 연결

된 헤드셋을 착용했다. 연구를 할 때는 전화를 받기 위해 키보드를 멈추는 것이 싫어 늘 착용한다. 아크만은 에밀리에게 새로 전송받은 나머지 파일들을 분석하는 연구의 논문 작성에 들어갔다. 연구실은 조용해졌다.

시간은 어느덧 정오를 지났다. 아주 오랜만에 얼굴을 내민 태양이 연구실에 비치면서 에밀리와 아크만의 책상 위로 물이 담긴 투명 크리스털 정육면체가 반짝였다. 한참의 시간이 흘렀다. 점심 때가 지났는데도 배고픔도 잊은 채 둘은 연구에 몰두했다.

그때 아크만의 핸드폰에서 진동이 울렸다.

"네. 아크만입니다."

아크만은 모니터를 보면서 헤드폰을 통해 전화를 받았다.

"아크만. 나야."

모니터에 집중하던 아크만의 관심이 귀로 쏠렸다.

"설마 I? 이게 얼마만이야?"

아크만의 반가운 목소리가 연구실에 가득 찼다. 에밀리는 아크만이 받는 전화의 주인공이 누굴까 궁금한 듯 빼꼼이 쳐다봤다.

"반가워, 아크만."

I는 오랜만에 전화를 걸어도 반갑게 맞아주는 친구가 고마웠다.

"그런데 무슨 일 있어? 목소리에 힘이 없네?"

"그게 말이야……."

전화기 밖으로 I의 머뭇거림이 느껴졌다.

"뭐부터 말해야 할지 모르겠는데……."

"편하게 말해, 우리 사이에."

아크만은 늘 통화를 해왔던 사이처럼 편하게 응대했다.

"도움이 필요해."

I가 어렵게 말을 꺼냈다.

"도움?"

아크만이 궁금함을 담아 다시 물었다.

"써메이션이 사라졌어."

"뜬금없이 무슨 소리야?"

아크만은 오랜만에 걸려온 친구의 전화에 어찌할 바를 몰랐다.

"그를 찾아야 해."

I는 최대한 절제한 것 같았지만 그의 목소리 파동에서 슬픔과 걱정, 괴로움이 모두 묻어나 있었다. 아크만은 I의 목소리에서 자신의 궁금증을 시시콜콜히 물을 여유가 느껴지지 않았다.

"일단 만나자."

아크만은 I와 약속을 잡고 전화를 끊었다. 옷가지를 찾아들고 연구소를 나가려다가 에밀리와의 점심약속이 생각났다.

"미안, 에밀리. 오늘 점심은 혼자 먹어야 될 것 같아. 다음에 더 맛있는 것으로 먹자고."

아크만은 다급하게 연구소 밖을 나갔다.

새벽의 이별

I는 한 브런치 카페의 야외 테이블에 자리를 잡았다. 정장을 맵시 있게 차려입은 직장인들을 보고 있으니 비교적 자유로운 자신의 복장이 신경 쓰였다. 어느 게 좀 더 나을지 외투를 입었다가 벗었다가를 반복하다 벗어서 의자에 걸어둔 상태로 매무새를 가다듬었다. 그때 저쪽에서 한눈에 시선을 끄는 까무잡잡한 피부의 여자가 나타났다. 그녀는 이리저리 간판을 확인하며 가까이 다가왔다. 써메이션의 책상 서랍에서 찾은 사진 속 모습 그대로였다. 아브기였다. 아브기는 그리스어로 '새벽'이라는 뜻이다. 주변 사람들이 한둘 아브기를 의식하는 것 같았다. 아브기는 TV의 패션 프로그램에 몇 번 패널로 출연한 적이 있었다. 아름다운 미모와 능력으로 스포트라이트를 받았다. I는 자신을 쳐다볼 때까지 기다리다가 눈이 마

주치자 손을 들었다. 아브기는 굳은 표정으로 다가와 I 앞에 앉았다. 아브기도 주변의 눈치를 살피는 것 같았다.

"오랜만이야. 여전하구나."

I는 어색하게 인사를 건넸다. 고등학교를 졸업한 후에 아브기를 만나는 건 처음이었다.

"어떻게 알았어?"

아브기는 앉자마자 안부인사도 없이 다그치듯 물었다. 오랜만에 옛 친구를 만난 것치고는 상당히 도발적인 태도였다.

"급한 일이 있나 보구나. 뭐 좀 마시지 않아도 되겠어?"

I는 일단 아브기에게 마실 것을 제안했다. 아브기는 대답이 없었다. 다 필요 없으니 용건만 간단히 하라는 단호한 시선으로 I를 쳐다봤다. I는 아브기가 자신을 무시하는 느낌이 들었다. 그렇지만 지금은 자신의 감정보다 써메이션의 행방을 찾는 것이 더 중요하기에 감정적으로 대하지 않았다.

"아크만에게 연락처를 부탁했어. 언짢았다면 미안해."

고등학교 시절 아브기는 아크만과 친했다. I는 두 사람이 사귄 것 같다는 느낌도 들었지만 아무리 친한 친구라도 사생활이 있기에 직접 물어본 적은 없었다. 무엇보다 써메이션을 찾는 데 모든 관심이 집중된 I에게 그 사실은 중요하지 않았다.

"연락처 말고."

자신의 연락처를 허락 없이 알아낸 것에 화가 났다고 생각한 I의 예상은 빗나갔다.

"나와 써메이션의 관계 말이야."

아브기는 콕 집어 자신의 불편함을 I에게 표현했다. 그제야 I는 무엇이 아브기를 언짢게 한 것인지 알 수 있었다. 하지만 써메이션과의 관계가 드러난 것이 왜 화가 나는 일인지는 이해할 수 없었다.

"사진을 봤어. 써메이션과 찍은 사진. 생일날 레스토랑에서 찍은 것 같던데?"

"그 사진을 써메이션이 갖고 있었다고?"

"응. 내가 그 사진을 써메이션의 책상 서랍에서 찾았어."

"글쎄, 써메이션의 서랍에 있는 것을 왜 네가 찾았냐고. 그 사진으로 네가 원하는 게 뭐지?"

전화상으로 전후사정을 다 말했다고 생각했던 I는 아브기가 이 상황을 전혀 이해하지 못하고 있다는 사실에 놀랐다. I는 다시 차분히 자초지종을 설명했다.

"전화로 말한 그대로야. 써메이션이 사라졌어."

"그게 정말 사실이야?"

아브기는 I의 얼굴을 뚫어지게 쳐다보며 재차 확인했다. 아브기는 그 사실을 직접 확인해보고 싶었던 것 같았다.

"그래. 나는 지금 써메이션을 찾고 있어. 아무런 정보도 없던 차에 써메이션의 오피스텔에서 너와 찍은 사진을 우연히 발견했어. 정확히 말하면 그 사진은 아무 정보도 없는 내게 실오라기 같은 희망이야. 그래서 아크만에게 네 전화번호를 물었고 이렇게 만나게 된 거야. 허락 없이 번호를 알아낸 건 미안하지만 그래도 사라진 친구를 찾는 데 그 정도는 이해해줄 거라 생각했던 것뿐이야. 너를 곤란하게 할 생각은 없었지만 네가 이렇게 언짢아하는 것을 보니 내가 잘못한 것 같다. 혹시 그렇다면 미안해. 그럴 뜻은 전혀 없었으니까."

I는 감정을 자제한 채 차분히 말을 이어갔다.

"난 너와 써메이션이 어떤 관계인지 궁금하지 않고 그것을 화제로 삼아 너를 곤란하게 하고 싶지도 않아. 전화로 말했듯이 그저 내 친구 써메이션을 찾고 싶은 것뿐이라고. 만나는 게 불편했으면 솔직히 말하지 그랬어. 그럼 이런 곤란한 자리도 만들지 않았을 텐데."

I의 말이 끝나자 둘 사이에는 정적이 흘렀다. 다리를 꼬고 앉아

고개를 비스듬히 한 상태로 I를 쳐다보던 아브기는 I가 화를 절제하고 최대한 정중하게 자신의 상황을 이야기하는 모습을 보며 눈을 몇 번 깜빡인 후 고개를 바로 세워 앉았다.

"그 사진은 일 년 전이야. 그리고 만나서 반가워, I."

이제야 까칠했던 아브기는 예전의 모습으로 돌아왔다.

"미안해. 내가 예민해 있었나봐. 여기까지 오면서 별별 생각이 다 들었어. 써메이션이 왜 없어졌다고 하는지, 아니면 거짓말인지, 그 사진으로 나에게 뭔가를 얻어내려고 하는 것은 아닌지 하고 말이야."

"내가 더 명확하게 말하지 못한 잘못도 있는 것 같다. 그리고 넌 나를 예전에 봤으니 잘 알지도 못할 거고."

"맞아. 내 기억 속에 있는 10대의 너라면 의심의 여지도 없지. 그러나 사람은 변하잖아. 누구나 나이와 상황에 따라 달라질 수 있으니 말이야. 그리고 내가 새삼 사람들의 주목을 받기 시작하다보니 혼자 더 큰 상상을 한 것 같아. 오버한 거지. 공격적으로 대해서 미안해."

"아냐. 이해해."

I와 아브기는 한결 편하게 대화를 나누었다. 도착한 지 한참이 지나서야 아브기는 마실 것을 주문했다. 차가 나올 때까지 아브기

는 테이블만 뚫어지게 쳐다봤다. 깊고 그윽한 아브기의 눈동자에서 써메이션과의 추억이 지나가는 것처럼 보였다.

"써메이션의 생일 때 레스토랑에서 찍은 즉석사진이지. 그걸 아직도 갖고 있었다니 이해가 안 되었는데 책상 서랍 뒤로 넘어간 거라니 알 만하다."

종업원이 두고 간 차를 마신 후 아브기는 조곤조곤 말을 했다.

"맞아. 난 써메이션과 사귀었어. 솔직히 말하면 내가 일방적으로 많이 좋아했지."

내색을 하지는 않았지만 I는 써메이션이 아브기와 사귄 것에 적잖이 놀랐다. 아브기는 써메이션이 그토록 증오했던 노마일 선생님*의 딸이기 때문이다.

"아버지가 갑자기 사라지고* 난 후, 난 슬픈 학창 시절을 보냈어. 아크만과 도서관에서 처음 친해진 것을 시작으로 늘 같이 붙어 다니긴 했지만 내 맘에 먼저 들어온 건 써메이션이었어. 그 아이도 아빠 없이 지내는 건 마찬가지였으니까. 동질감을 느꼈다고나 할까? 그리고 난 아버지 때문에 그 아이가 괴로운 중학생 시절을 보냈다는 사실이 마음에 늘 걸렸어. 그때부터 혼자 마음속에 품고 좋아했어."

71

아브기는 잠시 말을 멈추었다가 또 이어갔다.

"나 너무 솔직한가?"

"그게 너의 장점이지."

I는 아브기가 속마음을 편히 이야기할 수 있도록 배려했다.

"마음속으로만 써메이션을 좋아했어. 내 맘은 10대일 때도 20대일 때도 30대일 때도 변함없었어. 동창들을 만날 때마다 안 그런 척하면서 써메이션의 안부를 물었지. 작년이 되어서야 우연히 패턴 디자인 일로 써메이션에게 자문을 받게 되면서 가까워질 기회가 있었어."

"패턴 디자인?"

"응. 나 패턴 디자인 일을 해. 패션 TV 패널로 몇 번 나왔더니 나를 모델로 생각하는 사람들이 있던데 내 본업은 텍스타일 디자이너야."

"텍스타일 디자이너?"

"응. 그냥 쉽게 커튼, 벽지, 옷감, 카펫 등등의 디자인을 하는 사람이라 생각하면 돼."

"그렇구나. 디자이너라니 너에게 잘 어울리는 것 같아."

"패턴 디자인에 카오스적 이미지를 표현하고 싶었는데 샘플 패턴을 얻기 위한 그래픽 작업에 필요한 수식에 대해 자문을 구했지.

자문을 원한 건지 작업을 걸기 위해서인지는 나도 헷갈리지만 말이야."

아브기는 수줍은 듯 볼이 발그레해졌다. 이렇게 아름답고 자신감 넘치는 여자도 자신이 좋아하는 사람을 생각할 때는 조심스럽고 수줍어하는 것이 놀라웠다.

"우리 사이는 좋았어. 아주 최근까지도."

"최근이라 함은?"

"네가 전화로 말했지. 써메이션이 휴가를 떠났다고 한 날 말이야. 그보다 한 달쯤 전일 거야."

"써메이션과 만난 건 그게 마지막이야?"

"그래. 여느 때와 다를 게 없는 날이었어. 우리는 만나서 함께 시간을 보냈지. 그런데 평소와 다를 것 없는 평범한 말투로 이렇게 이야기하더라. 이제 헤어질 때가 된 것 같다고. 무슨 그런 장난을 하냐고 내가 화를 냈어. 하지만 써메이션의 눈빛은 진지했어. 그 이별을 아주 오래전부터 준비한 느낌이 들었지. 자신에게 영감을 주었던 새벽이라는 시간을 이제는 좋아하지 않게 되었대. 그리고 우리 아빠에 대한 증오와 복수심에서 나를 만났고, 내 마음을 얻은 후 헤어지는 것이 자신의 목표였다더군. 그런 잔인한 말을 전혀 흔들림 없이 했어."

아브기는 써메이션과의 일을 애써 담담히 말해주었다.

'설마. 써메이션이 그렇게 모진 말을 했다고?'

아브기의 이야기를 들을수록 I는 자신이 알고 있던 그 써메이션이 맞는지 혼란스러웠다.

"괜찮아. 네가 미안한 표정을 보일 이유는 없어. 우리가 만남을 시작하면서 약속한 게 있었어. 한 사람이 헤어지자고 말하면 이유를 묻지 않고 그만두기로 했었거든. 난 그 말이 안 나오길 바랐지만 결국에 그 시간이 돌아왔고 아직도 납득이 되지 않지만 우린 이렇게 헤어졌어. 그게 다야. 그런데 더 비참한 건 그렇게 모진 말을 듣고 헤어진 후에도 그가 자꾸 생각난다는 거야."

아닌 척 얼굴을 살짝 돌렸지만 아브기의 눈에는 눈물이 비쳤다. 아브기가 써메이션을 아직도 많이 사랑하고 있는 것이 느껴졌다.

"미안해. 이런 걸 묻기도 정말 미안하고. 그런데 혹시 만나는 동안 써메이션에게 이상한 느낌을 받은 적은 없니?"

"이상한 느낌? 글쎄? 써메이션은 항상 이상했지. 물론 난 그 점이 매력이 있어서 좋아했고."

"그건 그렇지."

아브기와 I는 서로 바라보며 충분히 이해한다는 듯 웃음을 지었다.

"음…… 그런데 헤어지기 한두 달 전쯤부터 혼자 생각하는 시간이 점점 많아지긴 했어. 무슨 생각을 그렇게 했는지는 지금도 모르겠어. 혼자 알 수 없는 눈빛으로 사색에 잠긴 써메이션을 볼 땐 난 참 외로웠어. 써메이션이 바로 옆에 있는데도 말이야. 어쩌면 그때부터 나와 헤어질 생각을 한 것은 아닐까 하는 생각이 들어."

아브기는 차를 한 모금 마시고 쓸쓸한 눈빛을 담아 말을 계속 이어갔다.

"생각하고 있을 땐 방해하지 않는 편인데 가끔 어쩔 수 없이 그를 불러야 할 때가 있었어. 그때마다 써메이션의 여러 모습이 보이긴 했지. 어떨 땐 아주 어린 아이의 모습이 보였다가 어떨 땐 아주 어른 같기도 하고. 어떨 땐 너무 슬퍼 보이고 어떨 땐 너무 행복해 보였지. 써메이션 속에 들어 있는 여러 명의 자아가 돌아가면서 나타나는 것 같다는 생각이 들 만큼 말이야."

"혹시 써메이션이 극단적인 생각을 하지는 않았을까? 자살이라던가……."

"아니. 절대. 써메이션은 생명을 함부로 끊을 사람은 아니야. 뭔가 사정이 있어 잠시 떠나 있는 걸 거야."

아브기의 확신은 혹시 모를 비관적인 상황에 대한 가능성을 줄여주는 듯했다. I는 마음이 다소 놓였다.

"나를 만나면 써메이션이 어디로 갔을지 알 수 있을 거라 생각했을 텐데 도움을 주지 못해 미안해.”

“아니야. 많은 도움이 되었어.”

“대신 줄 게 있어. 혹시나 하는 마음에 여길 나오면서 챙겨왔어. 네가 말한 것이 모두 사실이면 전해주려고……”

아브기는 가방에서 봉투를 꺼냈다. 봉투는 제법 두툼했다.

“헤어지고 난 후 집 안에 남은 써메이션의 흔적을 지우려고 정리를 했어. 가끔 써메이션이 내 방에서 시간을 보낼 때마다 두고 간 것들을 모아놓은 거야.”

아브기는 봉투를 뒤적여보다가 티켓 한 장을 잡아들었다.

“이건 에곤 실레의 전시회 티켓이야. 써메이션이 좋아한 화가지.”

“에곤 실레?”

I에게는 낯선 화가였다.

“응. 무책임한 아버지 아래서 보낸 불우한 자신의 청소년 시절과 닮았다고 동질감을 느낀다고 했지.”

아브기는 꺼낸 티켓을 다시 넣으며 말했다.

“메모지 하나 허투루 버린 게 없어. 써메이션은 생각이 나면 여기저기에 막 적는 습관이 있어. 그거 한번 버렸다가 온갖 화를 다

받은 적이 있었거든. 더 좋아하는 사람이 죄지. 그런 것까지 다 모아두었는데 버리려고 하다가 여태 가지고 있었어. 혹시 이게 너한테 도움이 될까 해서 가져와봤어."

"정말 고마워. 넌 따뜻한 사람이야."

아브기는 감정을 추스르지 못하고 말을 이었다.

"요즘 하루에도 열두 번씩 감정이 북받쳐 오르락내리락해. 생각하지 말아야지 하면서도 계속 생각이 나. 우리 아빠에 대한 증오심으로 내게 다가왔다 해도 나를 만나는 때만큼은 진심이 아니었을까? 생각하다가도 나를 가볍게 여긴 것 같아 화가 나. 이런 말을 하는 내가 너무 한심해 보이지?"

아브기는 숨을 크게 들이쉰 후 내쉬었다.

"아냐, 무슨 그런 말이 있어."

I는 아브기를 달래주었다.

"그렇게 위로하지 않아도 돼. 시간이 흐르면 나아지겠지. 이제 내가 할 말은 다 끝난 것 같다. 먼저 갈게."

아브기는 먼저 자리를 떠났다. I는 아브기가 시야에서 사라질 때까지 바라봤다. 아브기의 뒷모습마저 슬퍼 보였다.

'사랑했던 사람에게 그런 모진 말을 들으면 얼마나 마음이 아플까?'

쿤 선배에게 써메이션은 누군가를 화가 나게 할 사람이 아니라고 확신에 차서 말한 것이 떠올랐다. 마크의 일도 그렇고 아브기의 이야기도 그렇고, I는 그동안 자신이 써메이션을 제대로 알고 있었던 것인지 혼란스러웠다.

'아무리 친한 친구라 하더라도 누군가를 100퍼센트 안다는 것이 가능한 일일까? 내가 너무 쉽게 써메이션에 대해 잘 알고 있다고 착각한 것은 아닐까?'

I는 써메이션에 대해 싹트는 부정적인 생각을 떨쳐버리려 고개를 저었다.

얼마간의 시간이 흘러 마음을 추스린 I는 아브기가 준 봉투를 열었다. 메모지의 양이 많아 한꺼번에 테이블에 펼쳐놓을 수는 없었다. 한 움큼씩 집은 메모지를 테이블에 펼쳐서 본 후 다 본 것은 옆으로 다시 치워놓았다. 메모는 대부분 수학 알고리즘을 쓴 것들이었다.

"써메이션답군."

몇 움큼의 무더기를 관찰한 후 마지막으로 남은 메모들을 테이블에 펼쳤다. 그런데 그때 수식이 아니라 주소가 적힌 메모가 한 장 보였다. I는 보물이라도 발견한 듯 탄성을 질렀다. 그러고는 주저 없이 그 주소를 검색했다.

"센존스 수리 연구소?"

I는 일단 그 주소를 자신의 핸드폰에 입력했다. 나머지 메모를 마저 살펴본 후 메모지들은 다시 정리하여 아브기가 준 봉투에 넣었다. 고개를 숙인 채 한참을 내려다봐서 그런지 목이 뻐근했다. 목을 뒤로 젖혀 하늘을 봤다가 고개를 돌리기를 반복했다. 어둑어둑 해가 지고 있었다. 집중한 나머지 시간이 한참 지난 줄도 모르고 있었다.

메모에서 찾은 주소와 써메이션은 무슨 관계일지 생각하며 I는 주섬주섬 자신의 짐을 챙겨 일어섰다.

오해

I는 늘 가는 카페에 앉아 칵테일을 마시며 아크만을 기다렸다. 프랙털 음악이 카페에 잔잔하게 흘렀다. 카페에 들어선 아크만은 어깨가 축 처진 채로 앉아 있는 I를 보았다. 그런 친구의 뒷모습을 보니 안타까웠다. 다가가서 힘내라고 격려하듯 I의 어깨에 두 손을 지그시 올렸다.

"어! 왔어?"

칵테일 잔을 내리며 I가 반갑게 맞이했다.

"술도 못하면서?"

아크만이 말했다.

"논알코올이야. 이럴 땐 취하고 싶은데 취하지 못하는 게 너무 고통스럽군."

I가 말했다.

"아브기는 잘 만났어?"

아크만이 물었다.

"응. 여전히 아름답더라."

아크만이 눈썹을 한껏 치켜올린 후 알 수 없는 미소를 지었다.

"그건 가져왔어?"

아크만은 화제를 돌렸다.

"응, 여기 있어. 이게 오피스텔에 있던 물이야. 이걸로 뭘 하려고?"

I가 아크만에게 물었다.

"내가 연구하는 것과 관련이 있는데 혹시 도움이 될 만한 단서가 나올까 해서. 결과가 나오면 설명해줄게."

아크만은 신중하게 대답했다.

"그래. 고마워."

I는 자신을 도와주려는 아크만의 마음이 고마웠다.

"오늘 뭐 알아낸 건 있고?"

아크만이 물었다.

"아브기가 써메이션의 흔적이 담긴 메모들을 건네줬어."

"특별한 게 있어?"

"대부분은 수식이 적혀 있었고 주소가 적힌 메모가 한 장 있었지."

"주소?"

"응. 알아보니까 센존스 수리 연구소라고 하더군."

"센존스 수리 연구소?"

"왜 뭐 아는 거라도 있어?"

"확실한 기억은 아닌데 티몬이 그리로 회사를 옮겼다고 들었어. 거기 수학 수재들만 가는 곳이잖아. 원래 나는 써메이션이 그 회사를 갈 줄 알았거든."

"그래? 티몬한테 전화를 한번 해볼까?"

"그러든지."

"써메이션 덕에 내 휴대전화 목록에 저장되어 있던 친구들이 한 명 한 명씩 다 소환되는군."

I는 연락처에서 티몬의 번호를 찾아 전화를 걸었다. 하지만 티몬은 전화를 받지 않았다.

"바쁜가 보다."

"만약 거기서 일한다면 통화하기가 쉽지는 않을 거야."

"그렇구나."

"하울은 뭐래?"

"하울은 여전히 완고해. 써메이션 찾는 일을 도울 생각이 없대."

"그때 그 일이 우리가 생각하는 것보다 하울에겐 큰 상처였나 봐."

"맞아. 하울은 당시 그 일 때문에 대학 합격이 취소되고 세상의 모든 것을 잃은 듯했지. 그렇게 가고 싶어 했던 학교였잖아. 어느 누구의 어떤 말도 그에게 위로가 되지 못했어."

아크만은 하울이 괴로워하던 시절을 떠올렸다.

"그러게. 써메이션은 자기가 하지 않았다고 한 마디 하고 더 이상 언급을 하지 않았잖아. 하울은 아마도 더 따지고 싶어도 상대가 반응을 하지 않으니 그 분노를 삭이지 못했을 테고."

I가 말했다.

"써메이션이 자신의 알리바이를 구구절절 설명해 보이며 자신은 아니라고 적극적으로 해명할 성격도 아니잖아. '자신이 아니라면 아니다.'라는 자세에 하울이 더 답답했던 거지."

아크만의 말을 듣고 I가 물었다.

"넌 써메이션을 믿었어?"

"믿었어. 하지만 하울의 심정도 충분히 이해가 갔지. 그래서 적극적으로 두 사람의 오해를 풀 생각을 하지는 않았던 것 같아. 그땐 내가 누구든 한 친구를 돕는다면 다른 친구를 잃을 것 같았거든."

"나도 그래. 어쩌면 그게 써메이션을 믿지 못해서 그랬던 건 아니었을까, 그런 생각이 들기도 해."

I와 아크만은 술잔을 기울이며 하울과 써메이션의 오해가 시작된 그때를 천천히 되짚어 보았다.

"내일은 써메이션의 어머니가 계신 요양원에 가보려고 해. 어떻게 지내시는지 써메이션을 대신해 살피고 인사도 드릴 겸 해서. 몇 가지 여쭐 것도 있고."

"뭔가 짚이는 게 있나보구나?"

"응. 아직 확실하진 않지만."

"센존스 연구소와 관련된 거야?"

"그럴 수도."

"어머니 기억이 왔다 갔다 하신다고 들었는데 괜한 말씀 드려서 건강에 좋지 않은 영향을 주는 건 아닐까?"

"그게 고민이긴 한데, 지금까지 상황을 그저 말씀은 드리고 싶어. 혹시 어머니도 뭔가 아시는 게 있을지 모르고 말이야."

"네가 고생이 많다. 미안해."

"마침 방학 기간이라 내가 상대적으로 시간이 많잖아. 그런 인사는 넣어두지 그래. 친구."

I와 아크만은 밤이 깊어가는 줄 모르고 써메이션을 찾기 위해 앞으로 어떻게 해야 할지 이런저런 이야기를 나누었다.

재회

"이런 일로 만나뵙게 되어 유감입니다. 아버님."

"아버님이라는 표현이 어색하군요. 그런 호칭은 나에게 어울리지 않아요. 저는 숀 그레이입니다. 그냥 숀이라고 불러주세요."

"네."

I는 정중하게 인사를 올렸다.

"이리로 와서 앉으시죠."

"감사합니다."

I는 숀이 안내해준 소파에 앉아 주변을 살폈다. 엄숙함이 흐르는 공간과 한 치의 흐트러짐도 보이지 않는 숀의 자세에 I는 압도되었다.

"전화로 말씀드린 대로 써메이션의 메모에서 주소를 알았고 어

86

머님을 통해 아버님이 계시다는 것을 알게 되었습니다. 혹시 불쾌하셨다면 죄송합니다."

I는 자신이 어떻게 이곳을 찾아오게 되었는지 다시 한 번 전하며 양해를 구했다.

"네. 사실 많이 당황했습니다. 솔직히 말하면 개인정보가 유출된 것 같아 불쾌하기도 했죠."

숀의 말투는 차가웠다. 써메이션 일로 아브기를 처음 만났을 때 이해할 수 없을 만큼 까칠하고 냉정했던 분위기가 숀에게서도 느껴졌다. 숀도 아브기처럼 당황해서 그럴 수 있을 거라 I는 너그럽게 마음을 먹었다.

"죄송합니다만 시간이 그렇게 많지 않은데 본론으로 들어갈까요? 제가 뭘 도와드리면 될까요?"

자식을 걱정하는 아버지가 아니라 업무에 대해 말하는 상사의 말투처럼 들렸다.

"전화로 말씀드린 대로입니다. 써메이션이 회사에 휴가를 낸 후 사라져서 지금 많은 사람들이 걱정하고 있어요."

"안 그래도 I 씨의 전화를 받고 써메이션을 만난 날을 찾아봤는데 나를 만난 날은 써메이션이 휴가를 떠나기 전이더군요."

"그날 일에 대해 말씀해주실 수 있으신가요?"

"음. 사적인 일이긴 한데……. 상황이 그러니 말씀드려야겠죠? 그날은 제가 외부출장을 다녀오는 날이었어요. 차에서 내려 건물로 들어가려는데 건물 입구 옆에 저를 응시하며 서 있는 사람이 있었죠. 거리의 사람들은 모두 움직이는데 가만히 멈춰 있는 사람이 있으니 당연히 시선이 그쪽으로 향했어요."

"네."

"그런데 말이죠. 그대로였어요."

"뭐가요?"

"내가 마지막으로 그 아이를 본 그때 그 얼굴."

흔들릴 것 같지 않던 숀의 얼굴이 슬프게 일그러졌다.

"그 아이를 알아보는 데는 얼굴을 보지 못하고 지냈던 30년 세월이 전혀 문제가 되지 않았습니다. 저도 한참을 서 있었고 우리 둘은 그렇게 헤어진 지 30년 후에 다시 만났습니다."

숀은 계속해서 그날의 일을 담담히 말해갔다. I는 숀의 기억 속으로 들어갔다.

슬픔을
마주하는 용기

"써메이션?"

숀은 단번에 알 수 있었다. 분주하게 움직이는 군중 속에서 움직임 없이 자신을 응시하며 서 있는 그 청년이 바로 30년 전에 집에 두고 나온 아들이라는 것을 말이다.

"네. 안녕하세요."

써메이션은 흔들림이 없는 눈빛으로 숀을 바라봤다. 그렇게 두 사람의 시간만 정지된 듯 움직이지 않은 채 서 있었다. 바삐 걸어다니는 사람들에게 어깨가 부딪치는 것쯤은 아랑곳하지 않고 길 한가운데 서서 서로를 마주봤다.

"일단 자리를 옮겨야겠네."

숀은 근처 카페로 써메이션과 함께 이동했다. 가는 길에 둘 사이엔 어떤 말도 오고가지 않았다. 단골손님인 듯 카페주인은 숀을 반갑게 맞이했다.

"늘 먹던 거로 부탁해요. 뭘 마실래요?"

카페주인을 의식한 듯 어색한 경어로 숀이 써메이션에게 물었다.

"아메리카노요."

숀은 주문을 마치고 사람들의 시선을 가장 덜 받을 수 있는 구석에 자리를 잡았다. 그리고 다시 둘 사이엔 정적이 흘렀다. 카페주인은 뭔가 묘한 분위기를 감지한 듯 숀이 앉은 테이블로 힐끗 시선을 보냈다.

"잘 자랐구나!"

숀이 먼저 말을 했다.

"어떻게 절 알아보시네요."

써메이션도 편하게 말을 시작했다.

"그래. 어쩜 이렇게 그대로인지."

"저는 어릴 적 얼굴과 많이 달라져서 못 알아보실 수도 있을 거라 생각했어요."

"눈동자. 눈동자는 너를 마지막으로 본 그날과 똑같아."

"일곱 살이었죠."

"그래. 네가 일곱 살이었지."

주문한 음료가 나왔다. 써메이션에겐 아메리카노가, 숀에겐 캐모마일 티가 전달되었다.

"커피를 안 드시는 건 여전하시네요."

"그것도 기억하니?"

"그럼요."

아버지가 갑자기 집에서 사라진 후 어머니가 관련된 물건을 모두 버렸지만 써메이션은 아버지가 늘 사용하던 찻잔을 몰래 갖고 있었다. 부피도 크지 않았기에 서랍 속에 넣어두었다. 왜 그랬는지는 자신도 잘 몰랐다.

"나는 어떻게 찾았어?"

"어머니가 요양원에 계세요."

"요양원?"

"네. 치매노인들을 돌보는 요양원이에요."

"아…… 아직 젊은데……. 어쩌다가."

숀은 무슨 말을 해야 할지 몰라 말끝을 흐렸다.

"지인을 통해 가끔 소식을 들을 때도 있지만 그런 줄은 몰랐어. 네가 많이 힘들겠구나."

"아니에요. 제가 돌볼 수는 없고 요양원에서 잘 모시니 제가 힘들 일은 없어요. 기억은 왔다갔다 하시지만 여전히 건강하시죠. 어머니를 요양원에 모시기 위해 물품을 정리하다가 어머니가 늘 혼자만 보시던 수첩을 우연히 보게 됐어요. 거기서 당신이 있는 이곳 주소를 알게 됐고요."

써메이션의 '당신'이라는 표현에 당황한 듯 숀의 눈썹이 움찔거렸다.

"왜요? 당신이라는 표현이 거슬리세요?"

"아니야. 난 그저⋯⋯."

숀은 말끝을 흐렸다. 그리고 다른 화제로 전환했다.

"엄마가 내 소식을 계속 알고 있었나보구나. 헤어진 후로 연락은 한 번도 오지 않았어. 독한 사람."

"그건 당신도 마찬가지 아닌가요?"

써메이션의 날카로운 말에 숀은 답변할 말이 없었다.

"뭐 주소를 알았어도 이렇게 찾아올 생각까지는 없었는데 어쩌다 보니 여기에 오게 되었네요. 미리 말씀드리지만 제가 당신을 찾아온 이유에 대해 너무 복잡하게 생각하지 마세요. 돈이 필요해서 온 것도 아니고요, 우리를 부양해 달라고 온 것도 전혀 아니에요. 단지⋯⋯."

써메이션은 현실적인 이야기를 먼저 했다.

"듣고 싶은 말이 있어 왔어요."

"듣고 싶은 말?"

"궁금했던 거라고 할까요?"

"그게 뭔지는 모르지만 내가 할 수 있는 답이라면 최대한 솔직하게 해주마."

커피를 한 모금 마신 써메이션이 잠시 뜸을 들인 후 물었다.

"왜 저를 버리셨나요?"

30년 만에 아버지를 만난 자식이 하는 질문치고는 매우 직설적이고 자극적이었다. 숀은 갑자기 머리를 세게 한 대 맞은 듯 멍했다.

"미안하다."

숀이 목이 멘 소리로 입을 떼었다.

"오해하지 마세요. 당신을 원망하거나 당신으로부터 사과를 받고 싶어 온 건 아니에요. 전 그저 궁금했을 뿐이에요. 아버지가 저를 버린 이유가 무엇인지 말이죠."

"겁이 났어."

써메이션의 얼굴에서 시선을 떼지 못하던 숀은 시선을 찻잔으로 떨구었다.

"언젠가 이런 질문을 받을 날이 올 거라고 수차례 생각했지만 막상 그날이 닥치니 무슨 말을 해야 할지 떠오르지 않는구나."

"어떤 식으로든 솔직한 답이 좋아요."

"그래. 용기를 내보지."

숀은 차를 한 잔 들이키고 계속해서 말을 이어갔다.

"난 겁이 났어. 사랑해서 결혼을 하고 자식도 얻게 되었는데 네가 일곱 살이 될 때까지도 난 내가 누군가의 아버지가 되었다는 사실이 실감나지 않았어. 이해 못 할 거야. 말도 안 되는 변명이라 생각하겠지. 난 지금처럼 늘 바빴고 시간은 나를 앞서가고 난 누구보다 완벽하게 내가 맡은 일을 해내기 위해 오직 머릿속에 '일'만 생각했었지. 결혼을 하고 나서도 그 우선순위가 바뀌지는 않았어. 그런 일로 네 엄마와 갈등이 시작되었고 결국엔 파국으로 치닫게 되었지. 그땐 나도 네 엄마도 서로 양보라고는 없었어. 결국 난 일은 완벽하게 해냈지만 가족을 지키는 데는 실패했어. 가족을 지키지 못한 건 내 평생의 아킬레스건이라 생각한다."

카페의 구석에서 감정을 쏟아내는 숀과 차분한 써메이션의 모습이 서로 대조를 이뤘다.

"나도 내가 그럴 줄은 몰랐어. 다른 사람들처럼 자연스럽게 성장하는 줄 알았는데……. 철이 없었어. 나는 내 자신이 가족보다 뒤로 밀리는 게 싫었어. 부성애를 가질 만한 인품이 내 속엔 없었어. 난 내가 제일 중요했어. 누군가의 아빠가 될 자격과 준비가 미처 부족

했지. 그래서 그 역할을 피하고 싶었어."

숀은 부끄러운 자신의 과거를 솔직하게 털어놓았다.

"그러셨군요. 감당하지 못할 역할을 맡고 완벽하게 해내지 못하느니 차라리 그 역할을 맡지 않겠다는 생각을 하신 거군요."

"그래. 맞아."

"참 편하게 사셨네요. 그래서 맘은 편해지셨나요?"

"네가 그렇게 비아냥거려도 할 말이 없구나. 나는 오히려 완벽하게 아빠 역할을 하지 못할 거면 아예 하지 않는 게 정직한 선택이 아니겠냐고 나를 합리화했지. 그게 얼마나 어리석은 생각이었는지 아는 데는 그리 오랜 시간이 걸리지 않았단다."

숀과 써메이션 사이에 정적이 흘렀다. 써메이션이 먼저 말을 꺼냈다.

"전 말이죠……. 자라면서 제가 아무리 뛰어난 영재라고 찬사를 받아도 마음 한구석에 '난 버려진 결함 있는 아이'라는 생각을 늘 가지고 있었어요. 제가 선택하지 않은 상황이었음에도 두 분이 만든 상황의 결과에 대한 책임은 온전히 제 것이 되었죠. 아빠가 버린 자식이란 주홍글씨가 새겨진 채로 말이죠. 술에 취한 새 아빠의 폭력을 고스란히 받을 때도 그랬고요.＊ 전 늘 그 공허한 구멍을 메우려 더 노력했지만 그것은 채워지지 않았어요."

95

"써메이션. 내가 그때 너를 떠난 건 순전히 가족을 담을 수 없었던 옹졸한 내 그릇 때문이지 네 탓이 아니야. 네가 그런 생각을 할 거란 생각은 미처 하지 못했구나. 내가 지금에 와서 이런 말을 해주는 게 무슨 소용이 있겠냐만 그래도 이제는 더 이상 네가 쓸모없기 때문이라거나 결함이 있어서 너를 버렸다고 생각하지 말길 바란다. 난 널 버릴 자격도 없는 사람이야. 난 누구를 버리고 말고 할 정신도 없었어. 그저 내 속이 복잡해서 아무것도 생각할 수 없었던 현실에서 도망가고 싶었던 것뿐이야. 네가 그런 생각으로 괴로워했다니 너무 미안하고 부끄럽구나."

숀은 격정적으로 말을 했다. 그 모든 말은 가식 같지는 않았다. 써메이션은 어쩌면 자신이 이렇게 어느 정도 성장해서 이 이야기를 듣게 된 것이 다행이란 생각이 들었다. 나이가 들어간다고 저절로 어른이 되지 않는다는 걸 스스로 잘 알게 된 나이가 되었기에 젊은 시절 겁이 났던 아버지의 마음을 어느 정도는 이해할 수 있었다. 자신도 누군가의 아빠가 될 자신이 없었기 때문이다. 또 자신을 버리고 간 아빠를 어떻게든 이해해보려 하고 있다는 사실이 놀라웠다.

"더 늦기 전에 그 이유를 알고 싶었어요. 그래야 저도 더 깔끔하게 일곱 살의 저를 제 마음속에서 떠나보낼 수 있을 것 같았어요.

제가 이곳을 찾아온 까닭도 그저 저를 제대로 찾기 위해서예요. 당신의 과거를 들춰내서 괴롭힐 생각은 전혀 없으니 불필요한 걱정은 안 하셔도 돼요."

써메이션은 마지막 남은 커피를 모두 마셨다.

"이만 가보겠습니다. 이제 다시 연락드리는 일은 없을 거예요."

써메이션이 먼저 자리에서 일어섰다. 걸어나오는 써메이션의 뒤로 숀의 말이 들렸다.

"미안하다, 써메이션. 모두 내 탓이야."

걸어나오다 멈춘 써메이션이 자리에 서서 등을 진 채로 말했다.

"부모님이 돌아가시거나 큰 사고로 친구를 잃은 비극을 만났을 때 무덤덤해 보이는 사람들이 있어요. 왜 그럴까요? 그 사람이 냉정하거나 대범해서가 아니라 그 슬픔의 크기가 너무 커서 받아들일 준비가 되지 않아서 그런 거예요. 현실을 인정하고 싶지 않은 거죠. 상실감의 깊이가 클수록 슬픔이 표면 위로 나타나는 데는 시간이 필요한 것 같아요. 또 현실을 인정하고 슬픔을 온몸으로 느끼게 될 땐 비극적인 사건이 일어난 물리적 시간과는 한참 떨어진 후라 감정의 뒷북을 치는 자신이 어른스럽지 못하다는 자괴감으로 충분히 슬퍼하지 못하죠. 시간이 많이 필요하다는 말로 위로하며 스스로 슬픔을 삭이곤 하죠. 그게 어른답다고 세뇌하면서요. 저도 그랬던 것 같아요.

어머니는 제가 어른스러워서 아빠를 한 번도 찾지 않았다고 하셨지만 그게 아니었어요. 일곱 살 때는 그 상실감을 표현하는 법을 몰랐을 뿐이에요. 무엇을 해야 할지 방법도 몰랐고 용기도 없었어요. 당신이 떠난 집에서 당신의 이야기를 하는 것은 절대 안 된다는 엄마의 눈빛은 일곱 살다운 투정을 허락하지 않았고요. 그 후로는 줄곧, 갑자기 제 삶에서 사라진 아빠에 대한 상실감과 궁금증은 열면 안 되는 판도라의 상자에 가둔 채 지냈어요. 충분히 표현하지 못하고 갑자기 덮어버린 감정이 항상 내 안에 자리 잡고 있다보니 당신을 이해할 수 있는 나이가 되었음에도 늘 일곱 살의 저와 현재의 제가 마음속에서 부대꼈어요. 이제라도 그 상자를 열고 궁금한 것을 물을 수 있는 용기가 생긴 건지, 아니면 그것을 막을 엄마가 안 계신 건지 저도 잘 모르겠지만 이제 제 안에 웅크려 있던 일곱 살의 그 아이를 달래서 떠나보내야겠어요. 그 아이를 보내는 데 오늘 당신의 말이 어느 정도는 도움이 되었어요. 그거면 됐어요. 감사합니다."

그렇게 써메이션은 떠났다.

진실의 끝

I는 매우 집중해서 숀의 이야기를 들었다. 숀의 이야기를 들으니 써메이션의 어딘가에 늘 존재하던 그늘의 이유를 알 수 있을 것 같았다. '써메이션을 잘 아는 친구'라는 자신의 타이틀이 부끄러웠다.

"그 후로 연락은 없었나요?"

"없었어요. 그게 제가 다 큰 써메이션을 본 처음이자 마지막이에요."

"그렇군요."

"도대체 써메이션은 어디로 간 걸까요?"

숀이 물었다.

"글쎄요. 저도 궁금합니다. 아버님. 새로운 소식을 알게 되면 연락드릴게요."

"저도 그렇게 하겠습니다. 하지만 사람에겐 느낌이 있잖아요. 저에게 다시 연락이 올 것 같지는 않아요."

"오늘 바쁘시다고 들었는데 제가 시간을 많이 뺏었네요. 그만 일어나겠습니다."

"네, 그러시겠어요?"

숀은 I를 배웅하기 위해 일어났다.

"나오지 않으셔도 돼요."

문을 열기 위해 손잡이를 잡은 채 I가 말했다.

"써메이션은 말은 아니라고 하지만 제가 보기에 아버지를 늘 그리워했어요. 그리고 아버지가 지어주신 '써메이션'이라는 이름에 무척 자부심이 있었어요. 그 말씀을 꼭 전해드리고 싶네요. 그리고 참! 요양원에 계신 어머니께서 소중하게 생각하는 수첩의 제일 첫 장에 바로 이곳의 주소가 적혀 있어요. 어머니의 기억은 지금 두 분이 헤어지기 전에 머물러 있으시답니다. 왠지 이 사실을 알려드려야 될 것 같아서요."

I는 숀의 방을 나왔다. 그리고 복도를 걸었다. 엘리베이터를 타고 내려오는 순간 아버지를 만나 일곱 살의 자신을 혼자 떠나보냈을 친구 생각에 마음이 아렸다. 숀과 써메이션, 그리고 써메이션의 어머니가 모두 안타까웠다. 복잡해진 머릿속을 정돈해보려 고개를

좌우로 흔들었다. 1층에 도착하자 빨리 이 건물을 나가고 싶은 마음에 엘리베이터의 문열림 버튼을 여러 번 눌렀다. I의 마음을 모르는 엘리베이터 문은 그저 자신의 속도대로 열렸다. 그때 누군가가 I를 불렀다.

"I?"

서서히 열리는 엘리베이터 문 앞엔 생각지도 못한 사람이 서 있었다. 티몬이었다. 티몬은 I를 보더니 얼굴의 모든 근육을 이용하여 반갑게 인사했다.

"I! 네가 여기 웬일이야?"

티몬은 I와 반갑게 악수를 나누었다.

"여기에서 일한다는 이야기가 맞구나! 안 그래도 전화 한 번 했었는데!"

"아! 미안. 내가 다시 한다는 게 못 했어. 설마 그 전화 안 받아서 여기 온 건 아니지?"

썰렁한 티몬의 농담이 우울한 I의 마음을 조금은 풀어주었다.

"이곳으로 온 지 4년째 되어가."

"그렇구나! 반갑다."

"학교 다닐 때처럼 스쿼시도 한 판 떠야지!"

티몬과 I는 학창시절 스쿼시를 같이 치며 스트레스를 풀곤 했었다.

"좋지. 언제 한번 날 잡자!"

I와 티몬은 안부를 주고받았다.

"그런데 여긴 무슨 일이야?"

"그게 짧게 끝날 이야기가 아니라서……."

"그래? 나 한 시간 정도는 시간 괜찮은데."

I는 마음이 급했지만 오랜만에 만난 친구와의 시간을 거절할 수는 없었다. 그리고 티몬도 이제 곧 사실을 알아야 한다는 판단이 들었다.

"그래. 어디 이야기를 나눌 곳이 있을까?"

I가 물었다.

"내가 일하면서 잠깐 쉬는 공간이 있어. 따라와."

티몬은 눈을 찡긋거리며 건물 안 한적한 곳으로 I를 안내했다. 건물 모퉁이 공간을 활용하여 만든 작은 정원이었다. 티몬과 I는 정원 쪽을 향해 놓인 의자에 편하게 앉았다.

"안 그래도 한번 만날 때 됐잖아. 우리 친구들."

티몬이 웃음을 한껏 머금고 말했다.

"그래. 모두 있다면 말이야."

티몬은 의미심장한 I의 말과 표정이 석연치 않음을 인지했다.

"무슨 일 있어?"

티몬이 물었다.

"써메이션이 사라졌어."

티몬은 자신의 얼굴로 감정을 어떻게 표현해야 하는지 모르는 사람마냥 오묘한 표정을 지었다. I는 자신도 처음 쿤 선배에게 이 말을 들었을 때 표정이 저랬을까 하는 생각이 들었다.

I는 티몬에게 그동안 있었던 일을 이야기하고 오늘 자신이 여기에 오게 된 사정을 솔직하게 말했다. 한참을 듣던 티몬이 어렵게 말을 꺼냈다.

"내가 어떻게 말해야 할지 모르겠는데……. 나는 숀이 써메이션의 아버지라는 사실을 알고 있었어."

티몬의 말이 끝나자마자 I는 크게 놀란 듯 다급하게 물었다.

"어떻게? 아니 언제?"

"내가 4년 전 이리로 옮겨올 때 나를 스카우트해주신 분이거든. 그때는 몰랐어. 진심이야. 그런데 사적인 장소에서 이야기를 하다가 자연스럽게 알게 되었어."

"혹시 써메이션에게 말했어? 아버지가 여기 계시다고?"

"나도 그게 무척 고민이었어. 크게 내색은 안 해도 써메이션은 어린 시절부터 아버지를 늘 만나고 싶어 했잖아. 그래서 알게 된 날 당장 말하고 싶었는데…….”

“숀이 원하질 않았군.”

I가 대신 말했다.

“맞아. 소문으로는…….”

티몬은 말하기를 주저했다

“이건 어디까지나 그냥 소문이야.”

티몬은 말하기 곤란한 사실을 아는 듯 상황의 전제를 많이 깔았다.

“내가 듣기론 숀은 써메이션 어머니의 집안에 치매발생이 높다는 것을 알고 그 피를 써메이션이 분명히 영향을 받았을 거라고 생각했대. 자신의 완벽하지 못한 가족을 받아들이지 못해 헤어졌다고 하더군. 그런데 그 이야기를 듣고 도저히 써메이션에게 숀이 아버지라고 알려줄 수는 없었어.”

“뭐라고? 말도 안 돼.”

조금 전 들었던 숀의 진심이 담긴 말이 모두 거짓일 수도 있다니. I는 받아들이기가 쉽지 않았다.

“그게 사실인지 아닌지 확인을 할 수도 없잖아. 숀을 시기하는 사람들의 모함일 수도 있고.”

I는 써메이션을 위해서라도 숀의 이야기가 진실이라고 믿고 싶

었다.

"그럼 혹시 써메이션이 숀을 만난 것도 알아?"

"응."

"고민 끝에 그 주소를 내가 알려줬거든. 정확히 말하면 써메이션도 동시에 알았던 것 같아."

"무슨 소리지?"

"어느 날 써메이션에게서 전화가 왔었어. 집에 있는 어머니의 물품을 정리하다가 수첩 속에 친아버지의 이야기가 기록된 일기를 보게 되었대. 그런데 그 회사와 내가 관련 있다는 걸 알고 전화를 했다더군. 써메이션의 직관이 얼마나 대단한지는 내가 설명하지 않아도 잘 알잖아."

"그럼 혹시 써메이션과 최근에 연락한 적 있어?"

"아니. 사실 내가 그의 아버지에 대해 먼저 알고 있으면서도 말하지 않은 것에 섭섭함을 느꼈을 것 같아서 말이야. 미안해서 연락하기가 두려웠어. 숀으로부터 만났다는 이야기를 들은 게 마지막이야."

"그래. 너한테도 사정이 있었겠지. 암튼 지금 많은 사람들이 써메이션을 찾고 있어."

"친구들은 다 안 거야?"

"하울, 아크만은 알고 있어."

"매트도?"

"참! 매트는 연락을 안 해봤네. 우리랑 사는 생활권이 다르다보니 말이야. 매트는 뭔가 알게 되면 숨길 친구가 아니니 한번 연락해볼게. 이제 들어가 봐야지?"

"응. 괜히 내가 미안하다. 써메이션을 찾는 데 어떻게든 내 도움이 필요하면 적극 나설게."

"그래, 고마워. 이렇게 노력하고 있으니 찾을 수 있을 거야."

"별일은 없겠지?"

"그래야지. 나도 잘 모르겠어."

티몬과 그렇게 대화를 나누던 중 I에게 문자가 왔다. 보낸 이는 쿤 선배였다.

"I. 한동안 잠수를 탔던 마크가 연구소에 나타났다던데

가볼 수 있겠어?"

I는 주저 없이 뇌과학연구소로 갔다.

사라진 지도

"이 건물 2층으로 가시면 됩니다."

I는 뇌연구소 출입을 허가받기 위해 냈던 신분증을 건네받았다. 천장이 높은 로비에는 사람의 뇌를 형상화한 조형물이 이 건물의 정체성을 확실히 알려주고 있었다. 엘리베이터 앞의 전광판엔 이 건물에서 오늘 있을 회의와 세미나의 제목과 장소가 표시되어 있었다. 오늘 하루만 하더라도 적지 않은 세미나가 열리고 있었다. I는 오늘 전관 2층 대회의실에서 열리는 교사를 위한 청소년의 뇌 연수에 참여한다고 말하고 출입허가를 받았다. I는 많은 방문객들이 오고가는 중에도 자연스럽게 엘리베이터를 혼자 탈 기회를 잡았다. 9층 버튼을 눌렀다.

9층은 연구실이 있는 곳이다. 외부방문객이 드나드는 저층과 대조적으로 9층의 복도에는 정적이 감돌았다. 복도 벽에는 다양한 뇌 사진들이 담긴 액자가 걸려 있었다. 큰 창이 있는 복도 가운데는 아인슈타인의 뇌 모형이 투명 유리관에 담겨 그 아우라를 뿜내고 있었다. I는 조심스러운 걸음으로 각 연구실의 호수를 살핀 후 오른쪽 복도 끝으로 향해 걸었다. 다른 연구실과 달리 복도 마지막 방은 문이 조금 열려 있었다. 점점 가까이 갈수록 누군가가 짐을 정리하는 소리가 들렸다. I는 살짝 열린 문 사이로 연구실 안을 들여다보았다. 한 남자가 등을 돌린 채 책상을 정리하고 있었다. 책상 위에는 A4용지 더미가 쌓여 있었고 책상 선반 몇 개는 이미 비워져 있었다. 몇 개의 박스는 봉해진 채 문 앞에 놓여 있었다.

"똑똑똑."

I는 열려진 연구실의 문을 두드렸다.

"오늘은 아무도 만나기 싫다고 했잖아!"

사람의 귀에 상처를 낼 만큼의 날카로운 목소리가 들렸다. 그는 사람을 쳐다보지도 않고 자신의 짐을 정리하는 일에만 몰두했다.

"똑똑똑."

I는 다시 한 번 두드렸다.

"누구야?"

정리하던 것을 멈추고 남자가 뒤를 돌아봤다. 마크였다.

마크를 확인한 I는 연구실 안으로 들어섰다. 연구실 안의 먼지 냄새가 I의 코를 자극했다. 문은 처음처럼 살짝 열어두었다.

"만나기 정말 어렵군."

I가 말했다.

"댁이 누구신데 저에게 이렇게 말을 놓는 거죠?"

마크는 I를 기억하지 못하는 것 같았다.

"미안. 나 I. 너의 중학교 동창."

마크는 오른쪽 위로 눈동자를 올려 잠깐 기억을 더듬더니 금세 얼굴에 느낌표가 떠오른 표정으로 말했다.

"이렇게 방문객 관리가 안 돼서야. 도대체 여긴 어떻게 들어온 거야?"

오랜만에 만난 동창 친구라기엔 상당히 불쾌한 인사였다. 하지만 I는 마크가 지금 처한 상황을 어느 정도 알고 있기에 감내했다.

"좀 앉아도 될까?"

마크가 좀처럼 이야기할 시간과 공간을 줄 것 같지 않자 I가 나서서 말했다.

"미안하지만 난 지금 과거를 회상하며 노닥거릴 시간이 없는데."

마크의 무례함은 한결같았다. I의 존재는 무시한 채 자신의 짐을 계속해서 정리했다.

"내가 여기 온 이유가 써메이션 때문이라면 시간이 생길 것도 같은데."

I의 말이 끝나기가 무섭게 마크는 하던 일을 멈추고 I를 똑바로 바라봤다.

"그 이름이 지금 왜 나오는 건데?"

마크는 I를 한 대 칠 기세였다.

"내가 써메이션을 찾고 있거든."

I는 차분하게 말했다.

"너도 나처럼 사기라도 당했냐?"

마크는 비꼬는 투로 말했다.

"그렇다고 해두지."

마크가 써메이션에게 이토록 화가 난 이유를 어떻게든 알아내기 위해 I는 돌려서 말했다.

"넌 무슨 사기를 당했는데?"

I가 물었다.

"그 새끼는 내가 쌓은 모든 명성을 하루아침에 무너뜨렸어."

마크는 주먹을 쥐며 몸을 부르르 떨었다. 그리고 짐을 싸면서도 계속해서 중얼거렸다.

"만나기만 하면 가만두지 않을 거야. 꼭 찾을 거야."

눈에서 나오는 불길이 책을 모두 태울 것 같았다.

"나도 너처럼 써메이션을 꼭 만나야만 해. 너도 나와 같은 심정
이라면 도와줘."

하지만 I의 말을 듣고도 마크는 자신의 짐을 챙기기에만 열중했다.

"써메이션을 마지막으로 만난 게 언제야?"

I가 물었다.

"몰라. 말하고 싶지 않아. 그리고 난 너하고도 길게 말하고 싶지
않아. 좋은 말로 할 때 나가주면 좋겠는데? 별로 친하지 않는 동창
한테 찾아와서 다짜고짜 다른 사람 행방이나 묻고 말이야."

마크는 여전히 가시를 세우고 말을 했다. 마크로부터 써메이션
의 흔적이나 정보를 찾는다는 건 생각보다 쉽지 않았다.

"너도 써메이션을 찾아야 되는 거 아냐? 우리가 함께 찾으면 혼
자 찾는 것보다 더 빠르지 않겠어?"

I는 마크를 설득하려고 노력했지만 아무런 반응이 없었다. 마크
는 계속해서 짐을 싸고 있었다.

그렇게 I는 아무 말도 하지 않고 짐을 싸고 있는 마크를 바라보
며 꽤 오랜 시간 서 있었다. 어느 정도 짐이 정리되자 I를 투명인간

취급하던 마크가 먼저 말을 시작했다.

"정말 귀찮게 하는군. 도대체 어떻게 하면 너를 이 방에서 내보낼 수 있지?"

마크가 I에게 물었다.

"그저 몇 가지 질문에 대답만 해주면 돼. 그뿐이야. 써메이션을 마지막으로 만난 게 언제야?"

마크는 어느 정도 감정이 가라앉았는지 귀찮다는 표정을 하면서도 대답을 했다.

"마지막으로 연락이 된 건 뇌학회 발표 전날이야. 우린 연구 파트너였어. 세계 최초 커넥톰 지도를 발표할 예정이었지. 그 논문과 발표 자료를 검토하느라 주고받은 메일이 마지막이었어. 됐어? 이제 좀 나가주지?"

나가 달라는 말에 아랑곳하지 않고 I는 궁금한 것을 물었다.

"커넥톰 지도가 뭐야?"

"뭐야 그것까지 내가 설명해야 해? 써메이션과 언제 마지막으로 연락했는지만 알면 될 거 아냐. 그런 건 네가 알아서 공부를 하라고."

마크가 I를 무시하는 태도는 중학교 때나 지금이나 한결같았다. 그래도 I는 흔들리지 않았다.

"내가 찾아봐도 뭔지 모를 것 같아. 잘 아는 사람이 쉽게 설명해주면 안 돼?"

"뇌는 약 860개의 뉴런을 가졌는데 뉴런 각각은 만 개 정도의 연결선을 형성하고 있어. 뇌세포들은 사람의 경험과 기억에 따라 연결선을 형성하는 거야. 그러니 사람마다 유일무이한 패턴이 생기게 되지. 그 연결패턴을 그린 지도라고 생각하면 돼. 지금까지 아무도 완성하지 못했던 지도란 말이야!"

"그런 게 가능하단 말이야?"

"그래. 그 작업은 이론적으로도 수십 년이 걸려야 가능한 일이야. 그걸 완성하기만 하면 뇌과학 분야에서 세계 1인자가 되는 건 시간문제야! 나는 전 세계의 스포트라이트를 받을 모든 준비가 끝났었다고. 그런데……."

마크가 또 주먹을 불끈 쥐었다.

"그런데?"

마크는 말끝을 흐렸다.

"그 모든 게 거짓말처럼 사라졌어. 발표날 당일에."

"사라졌다니?"

"내가 이메일로 확인하고 점검했던 모든 링크된 자료가 사라졌다고!!!"

그날의 일이 떠올랐는지 마크는 책상을 내려쳤다.

"너무 완벽한 것이 오히려 이상하다는 걸 깨우쳤어야 하는데 내가 내 욕심에 눈이 멀었지."

마크는 정신이 아직 안정적이지 않았다. 흥분된 톤으로 혼잣말을 하다가도 다시 자신을 반성하며 차분하게 다독이는 등 오르락내리락 감정의 곡선을 탔다.

"이 악몽 같은 모든 일이 그날 그 메시지 하나로 시작됐어."

마크는 무엇을 생각하는 듯 한 곳을 뚫어지게 응시했다.

제안

'딩동! 새로운 메시지가 있습니다.'

새로운 연구 프로젝트 제안서를 작성하느라 밤늦게까지 연구실에 있던 마크에게 페이스북 알람이 떴다. 새로운 메시지였다. 마크는 가볍게 클릭했다.

"나 기억해?"

페이스북엔 이런 식의 메시지로 이성을 유혹하는 사람들이 많아서 처음엔 무시했다.

"나 써메이션."

연이어 메시지가 도착했다.

'써메이션?'

마크는 써메이션이라는 이름을 듣고 프로필을 확인했다. 그 프로필은 써메이션이 늘 사용하던 나선 모양의 계단이었다.

"내가 아는 그 써메이션?"

마크는 답변을 보냈다.

"맞아. 거두절미하고 내가 보내는 알고리즘을 먼저 봐줘."

메시지에 첨부된 파일을 열었다.

파일을 읽어 내려가던 마크의 눈이 점점 더 커졌다.

"뭐야 이건? 설마 커넥톰 지도 알고리즘이야?"

꼼꼼하게 끝까지 내려다본 마크는 고개를 좌우로 저으며 혼잣말을 했다.

'말도 안 돼. 이걸 어떻게 완성한 거지?'

너무 놀란 마크는 키보드를 누르는 데 자꾸 실수를 했다.

"써메이션, 이거 뭐야?"

"알면서 뭘 물어."

답변은 짧게 돌아왔다.

커넥톰 지도를 완성하고자 하는 사업은 마크가 지금까지 혼신의 힘을 기울여 연구하는 주제였다. 서로 연결된 뉴런 수십억 개가 복잡하게 얽혀 뭉치를 정확히 파악하려면 뇌 조직을 얇게 잘라야 하는 평면 이미지를 추출한 후 평면 이미지를 다시 3차원 모형으로 만드는 작업이 필요하다. 써메이션은 평면 이미지를 3차원으로 환원하는 데 가장 적은 시간이 걸리는 알고리즘을 찾은 것이다.

"이 엄청난 걸 왜 나한테 보내냐고?"

마크는 너무도 엄청난 것을 자신에게 보낸 데는 숨은 이유가 있을 거라 생각했다.

"네가 혹시 커넥톰 지도를 나와 함께 완성하는 건 어떨까 해서. 같이 하지 않을래?"

마크에겐 너무도 매력적인 제안이었다.

"조건이 뭔데?"

"조건 같은 건 없어. 나야 그저 기억을 지우는 회사에서 일하는 회사원이고, 그 일을 하다 보니 뇌에 관심이 자연스레 생기더라고. 그리고 그건 내가 잘하는 재주로 만든 알고리즘에 불과해. 이 알고리즘이 나보다는 너한테 더 유용하게 쓰일 것 같아서 연락한 게 다야. 싫으면 말고."

써메이션이 SNS에서 사라질까봐 마크는 마음이 급해졌다.

"잠깐 기다려. 뭐가 그리 급해. 나도 생각할 시간이 있어야지."

자신의 모든 것을 바쳐 지금에 이른 것보다 훨씬 앞서간 결과물을 가진 사람이 연구를 함께하자는 제안을 어느 누가 뿌리칠 수 있을까? 마크는 잠깐 생각하다가 일단 이 제안을 받아들여야겠다고 판단했다.

"마크, 대신 조건이 있어."

"뭔데?"

"이 연구가 완성에 이르러 발표되기 전까지 우리 둘만 아는 걸로 해줘."

써메이션이 말했다.

"그거야 당연하지. 이게 뇌과학 분야의 오랜 숙원사업이잖아. 성공한다면 우리는 세계 1인자가 되는 거라고."

"난 그건 모르겠고. 어찌 되었건 우리 회사의 서버로 난 이 알고리즘을 실행해볼 생각이야."

"써메이션 네가 천재인 줄은 알았지만 어떻게 공부하지 않은 뇌 분야의 알고리즘을 만들 수 있었던 거지?"

"글쎄, 그건 말로 설명하는 게 더 어려울 것 같아. 넌 그저 검토만 해줘. 내가 모든 것을 완성할 테니."

거짓은 가볍고
진실은 무겁다

"그때 그 제안에 독이 있었음을 알았어야 했어. 세상엔 공짜가 없는 법이거늘."

"그 이후로 써메이션이랑 연락을 계속 주고받은 거야?"

"그래. 써메이션 회사의 서버는 세계적으로 알아주지. 연쇄 단면 전자현미경은 우리 연구소가 유일하기 때문에 내가 찍어서 보내주는 뇌의 2차원 평면도를 3차원으로 구현하는 알고리즘을 실행시켰어. 써메이션의 알고리즘은 내가 예상한 속도를 훨씬 더 단축시켰어. 우리는 여러 사례별 커넥톰 지도를 완성해갔고 써메이션은 그 지도가 있는 주소를 나에게 링크로 보내줬지.

나는 평생을 바쳐 힘들게 연구한 것을 숨 쉬듯 자연스럽게 해내는 써메이션에게 질투가 나기도 했지만 그의 능력은 고스란히 나에게 돌아올 테니 이득인 거래라고 판단했어. 하지만 내가 속았어. 완벽하게, 그놈에게.”

“그리고 그 모든 것이 완성되어 사람들에게 발표하기로 한 날, 모든 링크와 자료가 사라진 거군.”

I는 이제야 마크가 왜 그렇게 분노에 차 있었는지 알 수 있었다.

“난 그게 이해가 안 돼. 써메이션이 도대체 왜 그랬는지. 내가 아는 써메이션은 아무리 싫어해도 상대방을 곤란하게 할 사람이 아닌데 말이야. 이번 일은 내가 알던 모습과 너무 달라서 내가 그를 친구로서 잘 알고 있었는지 회의가 들어.”

I는 예전과 달리 써메이션에게 좋지 않은 감정을 갖고 있다는 어감을 담아 마크로부터 또 다른 이야기가 나오도록 유도했다.

“그 일 때문이겠지.”

마크는 자신이 왜 이런 일을 겪었는지 그 이유 정도는 알고 있다는 듯 내뱉었다. I는 그것이 무엇인지 좀 더 알아내고 싶었다.

“무슨 일?”

“하울의 모든 것을 앗아간 일.”

“그게 무슨 말이야?”

“내 장난으로 하울이 눈앞의 성취를 놓쳤던 것처럼 써메이션은 꼭 같은 방식으로 나를 물 먹였어.”

"알아듣게 이야기를 좀 해줄 수 있어?"

I는 혹시 마크가 말을 하려다 멈추지 않을까 속으로 조바심이 났지만 내색하지 않으려 노력했다.

"고등학교 때 하울이 학교 선생님 노트북 훔쳤다고 소문나서 떠들썩했던 일 기억 안 나? 하울이 원하는 대학에 합격했다가 도둑이 어떻게 리더십 전형으로 합격할 수 있냐는 여론의 질타를 맞아 취소되었지."

마크는 그것도 기억하지 못하고 있느냐는 듯한 한심한 눈으로 I를 쳐다봤다.

"어떻게 그 두 일이 연결되어 있다는 거지?"

I는 전혀 생각지 못했던 두 일이 관련 있다는 마크의 말에 무척 놀랐다.

"그때 하울을 초대한 건 나니까. 실수로 게시물 공개모드를 전체로 해두는 바람에 SNS를 통해 그 일이 학교 밖에 알려지게 한 것도 나고."

I는 절대 알 수 없었던 문제의 답을 예상치 못한 곳에서 준비 없이 알게 되자 머릿속이 하애졌다.

"무슨 말이야?"

"내가 보냈다고. 장난으로. 덩치만 크고 성격만 좋은 멍청이 하울한테. 체육시간에 하울이랑 같은 조가 된 적이 있었는데 하울이 써메이션 학교로 초대받은 이야기를 했었지. 너도 알다시피 난 써메이션을 별로 안 좋아했잖아. 당시엔 늘 나보다 앞서는 녀석이 보기 싫었지. 그러다 시험기간이 다가오고 스트레스가 쌓이니 장난하고 싶은 생각이 들었던 거야. 그래도 나는 양심은 있었다고. 그래서 시험과 상관없이 이미 대학에 합격한 하울에게 장난을 쳤던 거야."

"맙소사! 그게 너였다고?"

"정말 몰랐었나 보네."

크게 당황하는 I를 보며 마크는 심드렁하게 말을 던졌다.

"나도 일이 그렇게 커질지는 몰랐어. 하필이면 그때 도둑이 들었고. 하울이 의심받기 딱 좋은 상황이었지."

"어떻게 넌 그렇게 엄청난 사실을 아무렇지 않게 말해?"

I는 장난이라고 가볍게 말하는 마크의 이야기에 어이가 없었다. 감정이 격해진 I는 하울을 대신하여 고함치듯 말했다.

"그럼 그때 더 적극적으로 네가 나서줘야 했던 거 아냐?"

"어차피 경찰 조사에서 증거불충분으로 하울이 아니라는 게 밝혀지긴 했잖아."

크게 화를 내는 I를 상대로 마크도 만만치 않게 대응했다.

"그건 당연한 결과였지만 그 일이 외부에 알려지면서 하울은 대학 합격이 취소됐잖아. 어떻게 시험지 도둑으로 의심받는 아이가 리더십 전형에 합격했냐는 여론의 쓰나미를 감당해야 했고."

"그건 내가 손을 쓸 수 없는 부분이지. 사람들이 언제 확인을 거치며 신중하게 댓글을 달아? 다들 지나가다가 댓글 다는 거 아냐. 그것까지 내가 어떻게 막아. 내가 사실을 이야기한다고 믿어줬을까? 난 그때 시험성적이 중요해서 다른 일에 신경 쓸 여유가 없었어. 나도 살아야지. 냉정하게 따져보면 하울은 대중들의 냉소적 이성의 피해자였지. 잘 알지도 못한 상태에서 여론을 형성하는 댓글들이 문제 아니야? 잘 모르는 타인의 잘못에 용서 없는 사회 탓을 왜 나한테 하는데? 그 모든 게 꼭 나 때문만은 아니었다고."

둘은 치열하게 다퉜다.

"말도 안 돼. 하울은 자신이 가고 싶어 하는 대학 학과에 합격하여 미래 자신의 모습을 설계하며 꿈에 부풀어 있다가 그런 일을 겪었어. 그때 하울의 고통이 얼마나 컸는지 알아? 그동안 노력한 모든 것이 사라진 하울의 상실감은 그 무엇으로도 채울 수가 없었다고. 그런 하울을 옆에서 지켜보기만 하고 아무 도움을 줄 수 없었던 나와 티몬은 어떻고. 지금도 하울은 써메이션이 자신을 곤란한 상황에 빠뜨렸다고 알고 있어. 그 사이좋던 둘이 이렇게 평생 원수가 되었는데, 넌 그저 장난이었다고 너무 쉽게 이야기하는구나. 어떻게 그럴 수 있지?"

I는 너무도 당당한 마크의 말과 태도에 참을 수 없는 분노가 치밀어 올랐다.

"그래? 그런데 그게 모두 내 탓인가? 너희들 끔찍한 우정의 신뢰가 약했던 탓이지."

"넌 참…….."

I는 끓어오르는 분노를 어떻게 표현할 길이 없었다.

"어쨌든 나도 하울에게 장난을 친 잘못은 있으니 속죄하는 마음으로 우리 연구소 납품 일을 소개해준 거야. 그게 얼마나 큰 실적인지 하울에게 들어보면 알 거고. 미래가 무너졌다고 생각한 하울이 그 분야에서 인정받게 된 건 다 내 덕이었으니 그만하면 내 죄에 대한 보상은 한 것 같은데. 하긴 그 멍청이는 그저 나의 호의로 받아들이고 있으니 나에겐 손해될 것은 없었어. 그리고 딱 까놓고 이야기하자. 하울이 그 대학에 진학한들 그 이상으로 성장할 수 있었을 것 같아? 지금의 일이 하울에겐 딱이라고."

"툭."

I와 마크가 격렬하게 이야기하는 순간 뭔가 떨어지는 소리가 들

렸다. I와 마크는 소리가 나는 곳으로 고개를 돌렸다. 거기엔 하울이 서 있었다. 연구소에 납품을 하러 왔다가 오랜만에 연구소에 출근했다는 마크 소식을 듣고 간식을 사 들고 올라온 것이었다.

"도대체 이게 무슨 소리야."

하울이 낮은 목소리로 물었다.

"하울 네가 어떻게 여기?"

마크와의 대화로 붉게 상기된 I의 얼굴에 난처함이 가득했다.

"도대체 이게 무슨 소리냐고?"

하울의 절규가 9층 복도 전체를 울렸다.

"마크 네 입으로 다시 말해봐. 그때 나를 학교로 오라고 한 게 너였어? 밖으로 알려지게 한 것도?"

하울은 마크의 멱살을 잡고 얼굴을 가까이 대며 소리를 질렀다.

"이제 와서 그게 왜 중요한데?"

마크는 전혀 사과할 모습이 아니었다. 하울이 더 강하게 멱살을 잡았다.

"그래. 나야. 그건 미안하게 생각해. 그래도 내가 너를 이 연구소에 납품하게 해주고 다른 곳도 소개시켜주면서 웬만큼 그 빚을 갚았다고 생각하는데?"

마크의 뻔뻔함에 하울과 I는 할 말을 잃었다.

"그걸 말이라고 해?"

하울이 주먹으로 마크를 한 대 치려고 할 때 I가 몸으로 막았다.

"하울 진정해. 상대하면 너도 똑같은 사람이 되는 거야."

"내가 어떻게 되든 일단 저 녀석을 흠씬 두들겨 패주고 말겠어. 비켜. 비키라고!"

I는 하울의 거친 움직임을 사력을 다해 막았다.

"가만 보면 그 당시 너도 써메이션을 믿지 못했던 거 아냐? 써메이션이 아니라고 해도 믿고 싶은 대로 믿은 건 너잖아. 그걸 왜 나한테만 탓을 하는데?"

흥분한 하울을 몸으로 막던 I가 마크에게 크게 소리쳤다.

"그 입 닥쳐! 마크."

I는 어서 빨리 여기 상황을 정리하고 하울을 데리고 나가야겠다고 판단했다. 가만두면 둘 중 하나는 큰 일이 날 것 같았다. I는 정신이 반쯤 나가 흥분한 하울을 강제로 끌어내며 연구실 밖으로 향했다. 등 뒤에서 마크의 소리가 들렸다.

"써메이션을 만나면 꼭 전해. 내가 가만히 있지 않겠다고."

돌아나가던 I는 뒤를 돌았다. 꾹 눌러왔던 분노를 마크에게 표현했다.

"마크. 네가 이렇게 된 건 써메이션 탓이 아니야. 네 욕심 탓이지.

가장 멍청한 건 바로 너야."

I는 하울을 데리고 엘리베이터를 탔다. 하울의 흥분과 분노는 좀
처럼 가라앉지 않았다. I도 무슨 말로 하울을 진정시켜야 할지 떠오
르지 않았다. 둘은 연구소를 나왔다.

"이대로 있다간 나 미칠 것 같아."

하울은 분노를 삭이려는 듯 빠른 걸음으로 걷기 시작했다. 사람
들과 부딪히기도 하고 신호등을 무시하며 길을 건너다가 운전자의
고함소리를 듣기도 했다. I는 그런 하울의 뒤를 따라갔다. 몇 블록
정도를 걸었을까? 하울은 도시공원으로 들어섰다. 하울의 위태위
태한 걸음에 비둘기들이 우르르 날아갔다. 하울은 공원 벤치에 앉
았다. 이제야 I도 하울이 혹시 위험하지 않을까 염려되던 마음을 한
시름 놓았다. I는 하울의 옆에 조용히 앉았다. 둘은 한참 동안 아무
말을 하지 않았다.

"내가 써메이션을 얼마나 원망하며 지금까지 살았는데."

하울이 먼저 입을 뗐다.

"그러고 보니 써메이션은 처음부터 끝까지 아니라고 했지만 그
걸 믿지 않은 건 나였어. 마크 말이 맞아. 마크를 비난할 이유가 나
에겐 없어."

하울은 사실과 달리 자기가 믿고 싶은 대로 과거를 기억했음을

반성했다.

"도대체 어디서부터 어긋난 걸까? 그 긴 세월을 누군가를 원망하며 산 세월이 아깝고 부끄러워."

하울은 무척 괴로워했다.

"친구 하나 믿어주지도 못한 나 같은 게 뭐라고. 그런 나를 대신해서 자신이 곤란해질 수 있는 일을 했을까?"

하울의 괴로움이 고스란히 I에게도 전해졌다.

"I, 우리 꼭 써메이션을 찾아야 해."

써메이션의 이야기를 꺼낼 때면 늘 차갑게 화를 내던 하울이었다. 그러나 지금의 울먹거림에선 써메이션을 간절히 찾고 싶어 하는 진심이 느껴졌다.

하울과 I의 마음을 알 길 없는 비둘기떼는 두 사람 주위로 다시 날아와 무심히 먹이를 주워 먹고 있었다.

Σ의 초대

"응. 그래. 이따 보자."

티몬은 전화를 끊었다. 핸드폰을 책상 위에 놓고는 창밖을 쳐다봤다. 퇴근 무렵 정체된 도로는 점점 붉은 빛으로 물들었다.

'하울, 자신, 그리고 써메이션이 얽힌 과거에 마크라는 존재가 있었다니.'

티몬은 마음이 무거웠다. 안 그래도 티몬은 회사에서 I를 만난 후 써메이션이 그토록 찾았던 아버지의 존재를 좀 더 일찍 말해주었어야 했나? 아니면 끝까지 비밀로 했어야 했나? 계속 돌이켜보면서 자신의 선택이 옳았는지 고민하는 중이었다. 써메이션이 사라지게 된 것에 자신의 탓도 있지 않을까란 생각이 맴돌아 일에 집중할 수가 없었다.

"나 오늘은 먼저 퇴근할게."

동료들에게 인사를 건네고 회사를 나왔다. 그러고는 스쿼시장으로 향했다. 정신없이 되돌아오는 공을 치며 복잡한 머릿속의 생각을 비워내고 싶었다. 전화로 다 하지 못한 이야기를 더 나누기 위해 만나기로 한 I에게 자신이 있는 장소를 문자로 남기고 코트에 들어섰다. 몇 분간 열심히 공을 치다가 코트 바닥에 드러누웠다. 숨을 헐떡이며 천장을 봤다. 천장의 나선 무늬를 보니 지금 이렇게 된 일의 시작이 된 친구들과의 추억이 떠올랐다.

"두둥~"

"Σ 님이 친구 요청을 해왔습니다."

늦은 시간 역사 리포트를 작성하기 위해 정신없는 티몬에게 친구 신청 알람이 울렸다.

"누구지?"

친구 신청을 한 사람의 프로필을 눌렀다. 사진은 비어 있었고 올라온 소식도 없었다.

"Σ가 아이디야? 재밌군. 그런데 어쩌냐? 내가 시간이 없다. 그리고 난 프로필이 분명한 사람만 수락한다고."

티몬은 들어온 친구 신청을 무시하고 보고서 작성에 다시 집중했다.

"두둥~"

"Σ 님으로부터 메시지가 도착했습니다."

"아~ 또 뭐야?"

알람이 자신을 방해하자 티몬은 알람을 끄려고 마우스를 클릭했다. 그러다 얼떨결에 메시지 읽기를 눌렀는지 화면에 메시지가 떴다.

7월 25일. 시간을 벗어난 날

있지만 없는 듯한 공간에서 모임을 가질 예정입니다.

관심 있는 사람은 아래 초대장을 완성해서 보내주세요.

정답을 제출한 분에게 만나는 장소와 출입코드를 전해 드립니다.

$\dfrac{1}{8} + \dfrac{1}{16} + \dfrac{1}{32} + \cdots$ 가 $\dfrac{1}{4}$ 임을 보이게 색을 칠하시오.

"써메이션이구만."

누구라는 언급은 없었지만 떠오르는 한 명의 친구는 써메이션 뿐이었다. 그리고 보니 아이디도 Σ이었다. 메시지를 보면서 고개를 좌우로 스트레칭하길 잠시 티몬은 모니터에 펜으로 색을 칠했다.

그리고 화면을 캡처해서 바로 보냈다.

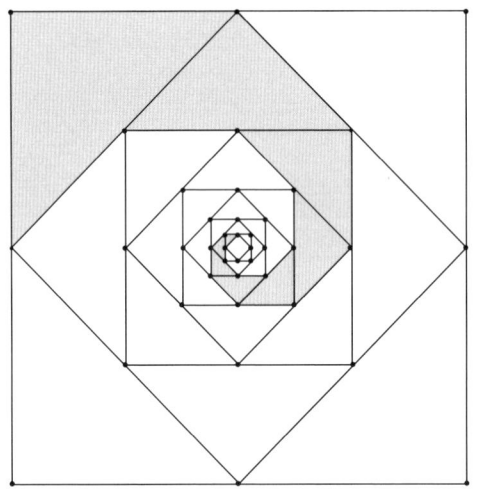

잠시 후 메시지가 왔다.

"오호! 역시 전교 1등 티몬 실력 여전하구먼! 가장 빨라."

"25일 시간을 벗어난 날,

저녁 8시 우리 학교 동쪽 계단에서 만나."

메시지는 간결했다.

"써메이션, 무슨 일을 꾸미는 거지. 왜 저녁에 만나자는 거야? 시간을 벗어난 날은 또 뭐고."

숙제 마무리가 먼저라 티몬은 깊게 생각하지 않았다. 문제 하나를 풀며 기분전환을 해서인지 진도가 더 빠르게 나갔다. 키보드를 한참 두들기다가 마지막으로 전송버튼을 눌렀다. 과제 마감시간을 여유 있게 남긴 시간이라 기분이 더 좋았다.

"아! 뿌듯해. 이제 잘 수 있겠군."

티몬은 책상을 정리하려다 써메이션에게 보낸 답을 그림 파일로 저장해서 자신의 프로필로 바꿨다. 답을 누구나 볼 수 있게 공개해서 써메이션이 허탈해할 것을 생각하니 재미있었다.

침대에 누워 눈을 붙이기도 잠시, 날이 밝았다.

아침의 등굣길은 활기찼다.

등교하는 티몬을 누군가 뒤에서 애타게 불렀다.

"어이 티몬!"

하울이었다.

"응. 하울!"

"몇 번을 불렀는데 못 듣냐?"

"어, 미안! 내가 초집중 모드였어. 오늘 발표 차례라 어제 늦게까지 보고서 작성하고 눈 잠깐 붙이고 지금 준비한 원고 외우면서 가고 있었어."

"그렇구나! 그래도 써메이션이 보낸 문제는 풀 시간이 있었나 봐."

"봤어? 역시 너한테도 왔지?"

"응. Σ라는 아이디가 보냈던데 그게 누구겠어. 써메이션이지."

"나도 그렇게 생각해."

"난 문제를 어떻게 풀까 고민하다가 못 했거든? 그런데 네 프로필에 똑같은 그림이 칠해진 게 있더라고. 그 규칙을 보고 그대로 베끼기는 무안해서 조금 수정해서 보냈지. 그랬더니 답이 왔더군."

"25일 시간을 벗어난 날,

저녁 8시 우리 학교 동쪽 계단에서 만나."

하울과 티몬은 한목소리로 메시지의 답변을 말했다.

"써메이션이 우리가 보고 싶은가봐. 아크만과 I에게도 보냈겠지?"

"그렇겠지? 그때는 시험기간 전이라 바쁠 텐데 갈 수 있을지는 모르겠다."

"고등학생이 되고 서로 다른 학교로 진학하면서 만난 지 오래잖아. 잠깐이라도 얼굴 보러 모이자고."

"그러지 뭐."

"그래. 나는 자전거를 주차해야 해서 이쪽으로 갈게. 티몬 오늘 발표 잘해!"

자전거 주차장으로 가는 하울은 티몬의 시야에서 사라졌다.

점과
선의 흔적

I는 스쿼시장에 도착하여 티몬이 있는 코트를 찾았다. 천장을 쳐다보며 드러누워 뭔가 생각에 잠겨 있는 티몬에게 다가갔다. 티몬은 I가 다가오는 것도 모르고 생각에 몰두하고 있었다. I는 물끄러미 티몬의 얼굴을 내려 봤다. 자신을 내려다보는 I와 눈이 마주친 티몬은 그제야 생각에서 빠져나왔다.

"나가서 시원하게 한잔 하자!"

스쿼시장을 나온 I와 티몬은 시원한 맥주를 주문했다.

"맥주 두 잔이요. 하나는 논알코올로요!"

"하울이 너무 괴로워하고 있어."

"충격이 크겠지."

"써메이션을 찾지 못하거나 혹시 무슨 일이 생기면 모두 자기 탓

136

이라며 써메이션을 꼭 만나 지난 일을 사과하고 용서를 빌고 싶다고 절규했어. 지켜보던 나도 마음이 아팠어."

"그랬구나. 나도 써메이션이 사라진 것에 대한 책임이 있어. 써메이션이 그토록 찾는 아버지의 존재를 알고도 말하지 않았으니까. 오늘도 그것에 대해 내가 소홀하게 생각한 부분은 없었나 되돌아보고 있었어."

주문한 맥주가 나왔다. 둘은 아무 말 없이 들이켰다.

"이럴 때 프로도샘은 우리에게 어떤 조언을 해주셨을까?"

I가 먼저 말을 했다

"기본으로 돌아가 수학적인 상상력을 발휘하라고 말씀하시겠지. 수학의 본질은 자유로움에 있다고 하시면서."•

"하하하. 맞아 맞아. 그러시겠지."

티몬과 I는 주거니 받거니 서로를 위로했다. 그러다 I는 술잔 밑에 있던 냅킨을 펼쳤다. 그리고 오른쪽 안주머니에서 펜을 꺼내 그 위에 뭔가를 그리기 시작했다.

"뭘 하는 거야?"

"음, 지금까지 내가 써메이션의 흔적을 쫓으며 다녔던 곳을 한번 나타내보려고."

I는 냅킨을 연습장 삼아 써메이션의 오피스텔을 원점으로 자신

이 그동안 찾아다닌 곳의 위치를 대략적으로 나타냈다. 그리고 그 장소들을 선으로 다양하게 연결해봤다.

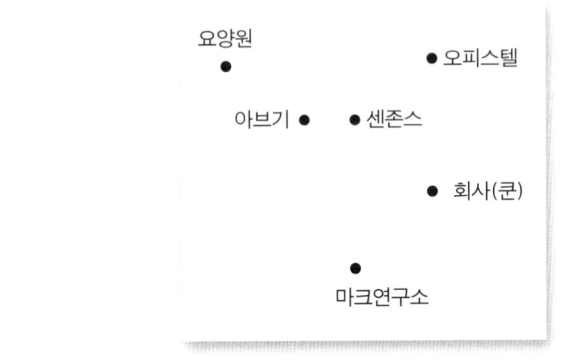

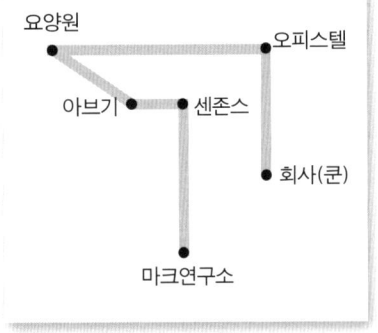
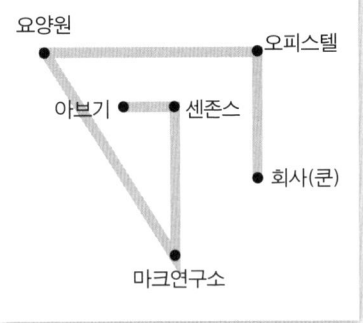

"그렇군. 뭐 특별한 게 있어?"

"글쎄, 뭔가 있을 것 같은데 그게 뭔지 모르겠어."

I는 맥주를 한 잔 더 주문했다.

티몬은 I가 그린 냅킨 위의 그림에 관심을 가졌다. 하지만 별다른 생각이 떠오르지 않았다.

"그만 생각하고 이제 좀 쉬어."

티몬이 안쓰러운 눈으로 I를 보며 말했다.

서로의 술친구가 되어주면서 써메이션에 대해 이야기하던 둘의 화제는 자연스럽게 고등학교 시절, 써메이션이 자신들을 초대한 '시간을 벗어난 날'로 돌아갔다.

시간을
벗어난 날

저녁 7시 30분. 한여름이라 그렇게 어둡지는 않았다.

하울은 왼쪽 발을 내려 멋지게 곡선을 그리며 자전거를 멈췄다.

뒤따라오던 티몬과 I도 교문 앞에 섰다.

두 사람은 학교 전경을 바라봤다.

"써메이션 학교 좋은데? 운동장 봐! 대박!"

대학교 캠퍼스 같은 규모의 웅장한 학교 모습에 하울이 감탄했다.

"이렇게 좋은 건물에서 공부하면 저절로 공부가 잘될 것 같지 않아?"

하울의 말에 티몬이 말없이 미소만 지었다.

"그렇겠지."

티몬은 만감이 교차한 표정으로 학교를 바라봤다.

"아! 미안. 티몬, 너도 이 학교 시험 봤었지."

티몬이 이 학교에 가고 싶어 했던 사실이 떠오른 하울이 멋쩍은 표정을 지었다.

"이 학교도 저녁에 학교를 개방하나봐."

I는 자연스럽게 화제를 돌렸다.

학교 운동장 농구코트에서는 고등학생으로 보이는 아이들이 머리가 다 젖을 정도로 땀을 흘리며 농구를 하고 있었다. 잘 깎인 잔디 구장 가장자리의 육상트랙에서는 뒤로 힘차게 걸으며 운동하는 사람들도 있었다.

정문 앞에서 학교 전경 이곳저곳을 관찰하던 티몬과 하울은 교문 앞에 마련되어 있는 자전거 주차장에 자전거를 두고 학교 안으로 들어갔다.

"동쪽 계단이라……."

하울과 티몬, I가 약속장소로 향했다.

학교 건물로 다가갈수록 사람들의 소리는 멀어져갔다.

"왠지 모르게 밤의 학교 교정은 무서워."

하울이 말했다.

학교의 동편에는 가로등이 없어 어두웠다.

"여기가 맞겠지?"

하울과 티몬, I는 나머지 친구들이 오기를 기다렸다. 모르는 사람들이긴 해도 운동장에 사람들이 운동을 하고 있어 은근히 마음이 놓였다.

"몇 시야?"

"50분쯤. 곧 오겠지."

앉아 있길 잠시 낯익은 목소리들이 점점 가까이 들려왔다.

"여기가 맞겠지?"

"응, 동편이니까."

"그 동편은 건물 쪽에서 보는 방향이야, 우리가 운동장에서 건물을 보는 방향이야?"

같은 생각을 한 하울과 티몬은 어둠 속에서 들리는 친구들의 대화를 재미있게 들었다.

"저기 누가 있는 것 같은데?"

목소리가 먼저 하울과 티몬, I에게 전해진 아이들이 모습을 보였다. 아크만과 매트였다.

"야! 이 녀석들 여기서 보네."

"반갑다."

"얼굴들을 보니 아주 잘들 지냈군."

"고등학교 들어가고 직접 만난 건 처음인데 왜 어제까지 본 사이처럼 느껴질까?"

"맞아 맞아."

아이들이 얼마나 기쁨에 차서 활짝 웃는지 눈동자와 치아가 어둠 속에서도 반짝였다.

한참 서로의 안부를 물으며 반가움을 푼 후 매트가 말했다.

"그나저나 이런 멋진 기회를 만들어주신 우리 써메이션 님은 어디 계신 건가?"

그때 저쪽에서 여전히 빛나는 우월한 비주얼의 실루엣이 나타났다.

"어이 친구들. 이거 남의 학교에서 너무 소란스러운 거 아니야?"

아이들은 일제히 목소리가 나는 곳으로 고개를 돌렸다.

"야! 써메이션!"

티몬, 하울, I, 아크만, 매트는 써메이션과 서로를 부둥켜안으며 반가움을 표시했다.

"자자, 친구들. 여기서 이렇게 계속 서 있을 수는 없잖아. 내가 스릴 있는 곳으로 안내해주지. 날 따라오시라."

"설마 또 무한미로에 빠지게 하는 건 아니겠지?"*

티몬, 하울, I, 아크만, 매트는 써메이션을 뒤따라가며 만나지 못했던 지난 고등학교 생활의 안부를 주고받으며 깔깔거렸다.

써메이션은 동쪽 계단으로 아이들을 데려가더니 건물 오른쪽 가

143

장 구석진 유리 창문을 열었다.

"이게 망가진 지 3500년 되었거든. 늘 닫혀 있다고 생각하는 창문이라 아무도 신경 쓰지 않는 문이지."

써메이션은 창문이 열릴 수 있을 만큼 최대로 열더니 그 틈을 통해 건물 안으로 들어갔다.

오랜만에 만나 정신없이 깔깔거리며 뒤따라오던 아이들은 써메이션이 그 작은 창문 틈새로 들어가는 순간부터 멈춰 섰다.

먼저 입을 뗀 건 넉살 좋은 하울이었다.

"우리의 비주얼과 브레인을 담당하던 써메이션, 너 어쩌다 이렇게 되었니."

I와 매트가 킥킥댔다. 티몬과 아크만은 여전히 황당한 표정이었다.

"들어와, 얘들아."

써메이션이 해맑게 웃고 있었다.

"이거 무단 침입 아니야?"

바른 생활 아이 티몬이 한마디 했다.

창을 사이에 두고 아이들은 서로 마주보며 대화를 나눴다.

"이 학교에 다니는 내가 초대했잖아."

써메이션이 답했다. 그래도 아이들이 선뜻 움직이지 않자 써메이션이 말했다.

"문제가 되는 일이 생기진 않을 거야. 어차피 이 건물은 학교에서 늦게까지 남아 공부하려는 아이들이 자유롭게 드나들 수 있도록 허락해준 곳이거든."

"그렇게 당당한데 왜 이리로 들어가는 거야?"

아크만이 말했다.

"재밌잖아. 너희들이 좋아할 줄 알았는데."

아이들의 반응이 예상 밖인 듯 써메이션은 말끝을 흐렸다.

"써메이션! 우린 철없던 중딩이 아니라고."

매트가 거들었다.

"무엇보다 우리는 너희 학교 학생이 아니잖아."

티몬도 주저하기는 마찬가지였다.

"자! 자! 자! 우리 브레인 써메이션 님이 우리를 곤란하게 만들려는 것 같지는 않고 우리에게 멋진 추억을 남겨주려고 그러는가 본데, 처음이자 마지막으로 일탈 한번 어때?"

하울이 써메이션을 도와 나섰다.

"그래. 우리가 술을 마실 것도 아니고 담배를 필 것도 아니고 이야기 정도 나눌 건데 큰일은 없을 거야. 난 들어갈게."

하울이 써메이션을 따라 창문 안으로 들어갔다.

"나도 들어간다."

I가 따라 들어갔다.

매트, 아크만, 티몬은 여전히 고민했다.

"써메이션, 다음엔 좀 품위 있게 들어가는 곳으로 초대해줘."

매트가 따라 들어갔다.

"아크만, 들어올 거지?"

안으로 들어간 하울이 아크만을 보며 말했다.

"이미 발을 올려놨거든요?"

아크만이 발을 걸치며 말했다.

건물 안으로 들어간 아이들이 티몬을 바라봤다.

"으이구. 내가 졌다."

티몬이 마지막으로 건물 안으로 들어섰다.

복도에는 비상구를 안내하는 등만 켜져 있어 매우 어두웠다.

한여름이지만 건물 안은 시원했다.

"무서워."

체격과 대비되게 엄살을 피우는 하울을 보며 친구들이 웃었다.

"이쪽으로 와."

써메이션이 친구들을 계단 쪽으로 안내했다. 그리고 관계자외
출입금지라는 글씨를 지나 지하계단으로 내려갔다. 혹시 헛발이라
도 디딜까 아이들은 조심히 써메이션을 따랐다. 어두웠지만 티몬,

아크만의 얼굴엔 여전히 납득이 되지 않는다는 표정이 보였다. 계단 아래에는 출입문이 하나 있었다.

"삑삑삑삑."

써메이션이 능숙하게 암호를 입력하자 문이 열렸다. 그곳은 거대한 창고였다. 써메이션은 어두운 창고에 먼저 들어가 불을 켰다. 그리고 아직 창고 밖에 있는 아이들을 마치 자신의 방으로 안내하듯이 말했다.

"들어와."

다섯 친구는 탐험을 떠나 미지의 동굴에 다다른 영화 속 주인공들인 마냥 조심히 창고 안으로 들어섰다.

"우와! 학교에 이렇게 넓은 공간이 있어?"

건물에 관심이 많은 매트가 말했다.

"그러게 우리 학교 창고도 이런 모습일까? 관계자외 출입금지 구역이라 난 쳐다볼 생각도 안 했지."

창고는 건물의 전체 넓이만큼의 바닥에 기둥만 있고 벽이 없는 구조로 운동장처럼 넓었다. 그리고 깨끗하고 쾌적했다. 학교 건물 지하 창고의 모습에 모든 아이들은 감탄이 절로 나왔다. 한쪽엔 비닐포장을 뜯지 않은 학생들의 책걸상이 크기별로 정돈되어 있었고 그 옆에는 교무실에 들어가는 서류장들과 의자들이 정돈되어 있었다. 화이트보드, 각종 칠판도 놓여 있었다. 화분도 있고 학교관리를 하는 분들이 휴식하는 공간도 마련되어 있었다. 그 공간 가운데에 책걸상이 배치되어 있었고, 책상에는 과자, 케이크, 피자, 치킨과 콜라가 차려져 있었다. 세련되지는 않지만 하울, 아크만, I, 매트, 티몬의 취향에 따라 구색을 갖춰 써메이션이 준비한 파티 상이었다.

"치킨을 보니 여길 들어오는 선택이 신의 한수였음을 알겠네."

어둠을 따라 낯선 장소에 들어오는 긴장감을 뒤로하고 아이들은 전혀 생각지 못한 곳에 자신들을 위한 파티가 준비되어 있었다는 사실에 놀라 여러 감정이 뒤죽박죽 섞였다.

아이들이 창고 여기저기를 구경하는 동안 써메이션은 콜라를 따랐다. 그리고 마지막 잔을 따른 후 크게 외쳤다.

"친구들! 여기 주목!

먼저 너희들을 당황하게 한 거 미안해.

다음엔 더 품위 있는 곳에 너희들을 초대할 것을 약속하며

25일 시간을 벗어난 날,

다시 만나게 된 걸 기념하자."

아이들은 콜라를 한 잔씩 들고 써메이션의 구호를 따라 잔을 높이 들었다. 더운 여름 긴장한 탓에 갈증이 났는지 하울은 잔의 밑이 보일 때까지 콜라를 마셨다. 삼킬 때 톡 쏘는 맛으로 인상을 찡그렸다.

"아무리 그래도 오늘은 콜라를 넘길 때의 그 짜릿함이 지금 내가 여기까지 들어오면서 느낀 짜릿함을 넘지 못하네."

하울이 말했다.

"티몬, 좀 어때?"

가장 마지막으로 들어온 티몬이 여전히 신경 쓰인 써메이션이 물었다.

콜라잔을 탁자에 내려놓고 티몬이 말했다.

"말해 뭐해. 정말 최고야!"

써메이션의 얼굴이 밝아졌다.

"그런데 여긴 어떻게 뚫은 거야?"

매트가 써메이션에게 물었다.

"학교 관리 아저씨께 부탁한 거야."

써메이션이 계속해서 말을 이어갔다.

"내가 정말 해보고 싶었던 게 마크가 중학교 때 했던 분리수거 담당*이었거든? 중학교 때는 못 하고 고등학교 때 지원했지. 봉사

시간 채우려고 한다는 마음보다는 환경을 위해 내가 할 수 있는 가장 작은 일부터 한다는 생각으로 정말 열심히 했어. 그러면서 학교 관리 아저씨와 친분을 쌓게 된 거야."

"그렇구나."

"아저씨는 항상 여기 있는 학생들을 존경한다고 했어. 배움의 기회가 적었던 당신으로서는 나라의 인재들이 공부하는 곳에서 일을 한다는 사실 자체가 무척 자랑스럽다고 하셨어."

"감동이야."

"그 말씀에 괜히 내가 죄송해지더군. 우리가 뭐라고……. 최소한 나는 그저 자기만족으로 공부하는 사람인데."

"그건 우리도 그렇지 뭐."

"아저씨한테 아들이 있는데 공부를 잘해서 최고명문대학에 들어갔대. 그런데 아버지의 직업을 창피하게 생각하는 것 같아 밖에서 만나도 아는 척을 하지 못한다고 하시더군."

"공부 잘하면 뭘 하나. 그런 인성으로."

"내가 아저씨의 아들 역할을 해드려야겠다고 생각했지. 그러면서 시간 나면 분리수거 마무리하는 아저씨의 일을 돕고 자주 얼굴 뵈며 친해지게 된 거야."

"정말 좋은 분을 만났구나. 난 학교 아저씨와 친해지려는 생각은 하지도 못했던 것 같아.”

“다 그렇지. 잘 만나지도 못하잖아? 혹시 만나도 보이지 않는 분들처럼 지내기도 하고……..”

“겨울에 눈이 오면 누구보다 먼저 나오셔서 눈을 치우고 가을날 교정에 낙엽이 가득 내려앉으면 낙엽을 쓰시고 뭔가 고장 났다는 접수가 들어오면 늘 빠른 시간 내에 고쳐주셔. 학교 구석구석 그분의 손길이 안 닿은 데가 없어. 아저씨를 보면서 배운 게 많아.”

“그렇구나.”

“공부할 때 지치고 혼자 있고 싶을 땐 언제든지 오라고 하셨어. 그래서 여기엔 내 전용칠판도 있어. 지난해까지 수학교과실에서 쓰던 건데 새것으로 교체하면서 창고로 하나 들어왔다고 주셨지. 물론 아저씨는 너희들이 오늘 오는 건 모르셔. 그런 일은 없겠지만 혹시나 무슨 일이 생기면 아저씨가 알고도 묵인한 것으로 오해받으실까봐. 사실 나도 생각이 많았거든. 이런 일이 처음이라.”

“그래. 이렇게 서프라이즈 초대도 좋지만 어쨌건 비어 있는 학교 건물에 우리가 정상적인 통로로 들어오지 않은 건 잘못됐다고 생각해. 다음에 또 이런 초대를 하면 난 온다고 말할 수 없어.”

티몬은 써메이션에게 단호하지만 아주 정중하게 말했다.

“아! 그런데 피자 맛이 끝내주는데?”

하울은 상황이 심각해지면 화제를 돌렸다.

"응. 아크만이 좋아하는 피자야."

"맞아. 내가 좋아하는 하와이안 피자. 달고 피자 중에 제일 싸."

"초대장 답은 누가 제일 먼저 보냈어?"

매트가 써메이션에게 물었다.

"그야 티몬이겠지."

하울이 거들었다.

"맞아, 티몬."

"그래? 밤늦게 역사 보고서를 쓰던 때라 기분 전환되고 좋았어."

"티몬은 그 문제가 기분전환이었대. 난 어렵던데. 사실 티몬 프로필에 올라온 사진으로 힌트를 얻지 못했으면 지금 여기서 치킨을 먹지 못하고 있었겠지."

하울은 입 안 가득 넣은 치킨을 먹으며 말했다.

"무한급수의 합이 $\frac{1}{4}$ 임을 나타내는 그림을 자유롭게 그리시오, 라고 했으면 어땠을까?"

아크만이 말했다.

"칸을 스스로 나눌 수 있게 말이야?"

I가 물었다.

"응."

아크만이 대답했다.

"그럼 난 고민도 안 하고 네 등분 하겠지."

하울이 말했다.

아크만은 친구들의 수만큼 케이크를 조각으로 나누려고 케이크 칼을 들다가 써메이션에게 물었다.

"다르게 $\frac{1}{4}$을 나타낼 수 있을까? 써메이션. 넌 또 다른 모양의 $\frac{1}{4}$을 생각한 게 있어?"

"응. 물론이지. 그 케이크 칼 좀 잠깐 줄 수 있어?"

아크만은 케이크 칼을 써메이션에게 건네주었다.

써메이션은 케이크를 노트 삼아 그렸다.

"난 이렇게 생각하기도 했지."

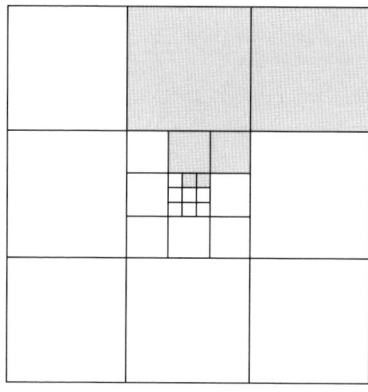

"$\frac{2}{9} + \frac{2}{81} + \frac{2}{729} + \cdots = \frac{1}{4}$?"

153

티몬이 써메이션의 케이크 그림을 보고 말했다.

"응, 맞아. 그런데 이것보다는 나선 모양이 멋지지 않을까 해서 그걸로 정했어. 그건 내 취향이고."

"써메이션은 나선을 좋아하지."

I가 말했다.

"응. 그날의 나선계단(『파이 미로』마지막 장면)의* 잔영이 잊히지 않아."

아이들 모두 동의하는 듯 고개를 끄덕거렸다.

"자연의 다양한 현상에서도 등장하는 나선이 혹시 무엇을 의미하는 것은 아닐지 계속 생각해보고 있어. 초대장도 그걸 떠올리며 정했어."

써메이션이 말했다.

"그래. 우리가 프로도샘 시간에 함께 찾아봤던 해바라기 씨앗의 배열에서 나타난 나선, 태풍이 올 때 기상사진에서 나타나는 나선, 소용돌이, 은하에서 보이는 나선……. 다양하지."

티몬이 말했다.

"난 나선 하면 과학책 첫페이지에 사진으로 나오는 앵무조개와 암모나이트가 생각나."

아크만이 말했다.

"허리케인과 은하구조는 어떻고. 지구로부터 3200만 광년 거리에 있는 나선은하 m74. 멋지잖아."

매트가 말했다.

"매트는 여전히 별을 좋아하는군."

티몬이 말했다.

"요즘은 부동산 일을 하시는 아버지 따라 건물에도 관심이 많이가."

매트가 말했다.

"멀리 갈 것도 없어. 우리 몸의 세포 하나하나에도 나선 모양의 분자 DNA가 들어 있다고."

써메이션이 말했다.

"맞아. 아침마다 화장실에서 물 내릴 때 보이는 나선은 우리와 뗄 수 없는 관계지."

하울이 말했다.

"하여튼 모든 것을 개그로 승화시키는 하울의 순발력은 못 따라가."

아크만이 말했다.

"듣다보니 그 다양한 나선에 누군가가 전하는 암호가 들어 있는 것은 아닐까?"

I는 친구들의 나선에 대한 대화가 너무 흥미로웠다.

"나선에 어떤 의미를 숨겨서 찾게 하는 이벤트도 재미있겠는 걸?"

써메이션의 눈이 반짝였다.

"써메이션. 거기까지. 우리 같은 겁쟁이들에겐 오늘 이런 모험만으로 충분해."

티몬이 말했다. 먹는 데 집중하던 하울까지 고개를 끄덕였다.

"그런데 써메이션, 왜 오늘이 시간을 벗어난 날이야?"

I가 물었다.

"그건 내가 답해줘도 될까?"

어릴 적부터 도서관에서 많은 시간을 보냈던 이야기 수집가 아크만이* 말했다.

"그건 마야달력과 관련이 있어. 마야는 7월 26일부터 달의 주기 28일을 한 달로 삼았거든. 그래서 일 년이 13달이야. 그 13달에 하루를 더해야 우리가 아는 일 년 365일 되지. 그 남은 하루는 시간을 벗어난 날이라고 불렀대."

"그래? 재미있네."

I가 말했다.

"마야 달력은 한 종류는 아니야."

써메이션이 말했다.

"그렇지. 그런데 써메이션도 그런 이야기에 관심이 있는지 몰랐어."

아크만이 말했다.

"달력의 역사는 수학을 공부하는 사람들에겐 가장 기본이지."

티몬이 말을 했다.

"이렇게 오랜만에 모여 우리끼리 서로 통하는 대화를 나누니 좋긴 좋다."

매트가 몸을 의자 뒤로 기대며 말했다.

"응. 맞아."

"나 이제 이곳이 서서히 내 집같이 편해졌어. 한잠 잘까도 생각 중이야."

하울이 말했다.

"그러지 말고 우리 오랜만에 어렵게 만났으니 시간을 벗어난 날 우리의 만남을 더 의미 있게 할 이야기를 나눠볼까?"

매트가 제안을 했다.

"예를 들면 어떤?"

I가 물었다.

"우리가 서로 친구로 지내면서 궁금했지만 더 묻지 못했던 것이 하나쯤은 있지 않아? 그런 걸 물으면 어떨까? 누구든 한 번의 질문만 받고. 질문은 가장 처음에 한 사람 것만 대답하는 걸로 하자."

"일종의 진실게임인가?"

"지금까지 우리가 말한 게 진실 아니었어?"

"그러네."

"그냥 질문을 조금 편하게 정하자는 뜻이야. 어때? 콜!"

"난 콜."

티몬이 말했다.

"나도 뭐 속이고 싶은 게 있어야지. 어쨌든 콜!"

하울이 말했다.

"나도 콜."

"콜!"

이어서 I와 아크만도 제안을 받아들였다.

"그럼 누구에게 먼저 질문을 할까?"

매트가 말했다.

"써메이션. 그 이름 누가 지어줬어?"

티몬이 물었다.

"뭐야 그냥 훅 들어오네? 그럼 그 질문을 시작으로 할까?"

매트가 말했고 다들 동의했다.

"맞아. 나도 궁금했어. 이름이 너무 수학적이야. 써메이션 (Summation)은 수열의 합을 뜻하는 수학의 중요한 개념이잖아. Σ 라는 기호와도 관련 있고 말이지. 써메이션이 태어날 때부터 나는 수학천재예요, 라고 알리며 태어나지는 않았을 텐데……. 물론 우리 어머니는 내가 어릴 적엔 신동인 줄 아셨다고는 하셨지만. 하하."

하울이 말했다.

"내 이름은……."

써메이션은 말을 길게 끌었다. 그리고 무겁게 이어갔다.

"아버지가 지어주셨어."

순간 정적이 흘렀다. 티몬의 질문이 '아버지'와 연결되리라고는 그 누구도 예상하지 못했다. 써메이션에게 가족 특히 아버지 이야기는 거의 금지된 질문이었다. 그의 가족 이야기는 언론에서 올림피아드 우승학생의 비하인드 스토리*로 떠들썩하게 보도된 적이 있었다. 아이들은 써메이션에게 직접 듣지는 못했어도 그의 상황을 대강은 짐작하고 있었다. 써메이션의 부모님은 이혼했고, 어머니가 새로운 사람과 결혼했지만 그 새아버지가 술을 마실 때마다 써메이션에게 폭력을 행사했다는 것은 공공연한 비밀이었다. 써메이션이 그 아픔을 수학 문제를 풀면서 극복했다는 일화는 친구들에게 거의 전설로 전해졌다.

"미안해. 말하기 힘들면 안 해도 돼."

티몬이 말했다.

"아냐. 룰은 룰이니까. 그리고 이젠 그렇게 힘들지 않아."

써메이션이 말을 이어갔다.

"내가 일곱 살 때 부모님은 이혼을 하셨어. 두 분이 내 앞에서 싸우신 것도 아닌데 어느 날부터 아버지가 집에 오시지 않았어. 그리고 너희들도 알다시피 우리 엄마는 내가 초등학교 5학년 때 새로운 분을 만나서 결혼을 하셨어. 재혼을 하시기 전에 엄마가 나에게 해준 이야기가 있어. 내가 일곱 살답지 않게 어른스러워서 아빠를 한 번도 찾지 않았대. 혹시 내가 아빠를 찾으면 엄마가 슬퍼할까봐 그랬다는데, 난 기억이 잘 나질 않아. 일곱 살의 내가 무슨 생각을 했는지 나도 궁금해. 정말 엄마 말처럼 그랬는지 아니면 아무 생각이 없었는지. 엄마는 아빠의 천재성에 반해서 결혼을 선택했는데 완벽하지 않은 것을 참지 못하는 아빠의 성격 때문에 너무 힘들어서 헤어지게 되었다며 나한테 미안하다고 하셨어. 그리고 편안함을 주는 새로운 사람을 찾았는데 허락해줄 수 있냐고 물었어. 그 사람이 악마로 변할지는 나중에 알게 된 거고."

아이들은 진지하게 써메이션의 이야기를 들었다. 써메이션은 콜라를 한 잔 마시고 말을 이어갔다.

"엄마는 그 후로 아버지 이야기를 잘 해주지 않으셨어. 아버지는 무얼 하시고 지금은 어디에 계시는지 말이야. 그래서 나도 몰라. 내가 좀 더 크면 찾아볼 수 있을까? 글쎄 그것도 잘 모르겠어. 밤이 되어가서 그런가, 지나치게 감성 모드가 되어가는데? 이야기가 너무 샛길로 갔다. 너희들이 궁금한 건 그저 내 이름이었는데."

써메이션은 머리를 좌우로 흔들었다.

"하도 사람들이 이름에 대해 묻길래 나도 물은 적이 있어. '엄마, 내 이름은 누가 지었어?'라고 말이야. 그때 말씀해주셨지. 아빠라고. 아빠는 오일러를 존경하셨대."

"오일러? 오일러와 써메이션이 무슨 관계지?"

매트가 고개를 갸우뚱거리며 물었다.

"오일러는 허수가 가진 중요한 성질을 천재적인 계산능력을 발휘해서 밝혀냈잖아."

써메이션은 아이들을 향해 자세를 가다듬고 말을 이어갔다.

"맞아. 복소수의 세계에서 허수를 이용하여 직접적인 관련이 있어 보이지 않는 지수함수와 삼각함수를 단순한 등식으로 연결했지. $e^{ix} = \cos x + i \sin x$."

써메이션의 말에 티몬이 거들었다.

"그렇지. 잠깐만 기다려봐. 칠판 좀 가져와 볼게."

써메이션은 학교 아저씨가 마련해준 자신의 전용칠판을 끌어왔다. 그러고는 칠판에 수식을 쓰기 시작했다.

$$\frac{\pi^2}{6} = 1 + \frac{1}{4} + \frac{1}{9} + \frac{1}{16} + \frac{1}{25} + \cdots + \frac{1}{n^2} + \cdots$$

$$e^x = 1 + \frac{x}{1!} + \frac{x^2}{2!} + \frac{x^3}{3!} + \frac{x^4}{4!} + \cdots + \frac{x^{n-1}}{(n-1)!} + \cdots$$

써메이션이 식을 적어가며 말했다.

"오일러는 원주율도 무한급수를 이용해 나타냈고 지수함수와 삼각함수도 무한급수의 형태로 나타낼 수 있음을 발견했어.

$$\cos x = 1 - \frac{x^2}{2!} + \frac{x^4}{4!} - \frac{x^6}{6!} + \cdots$$

$$\sin x = \frac{x}{1!} - \frac{x^3}{3!} + \frac{x^5}{5!} - \frac{x^7}{7!} + \cdots$$로 나타낼 수 있지.

각각의 무한급수를 연구했기에 e^x의 x에 ix를 대입해보면서

$$e^{ix} = 1 + \frac{ix}{1!} + \frac{(ix)^2}{2!} + \frac{(ix)^3}{3!} + \frac{(ix)^4}{4!} + \cdots$$

$$= 1 + \frac{ix}{1!} - \frac{x^2}{2!} - \frac{ix^3}{3!} + \frac{x^4}{4!} + \cdots$$

$$= \left(1 - \frac{x^2}{2!} + \frac{x^4}{4!} + \cdots\right) + i\left(\frac{ix}{1!} - \frac{ix^3}{3!} + \cdots\right)$$

이렇게 $e^{ix} = \cos x + i\sin x$의 공식을 완성했다고 해.

거기에 x에 π를 대입한 결과, 즉 $e^{i\pi} = -1$라는 식이 나왔고 말이야."

써메이션의 설명이 끝났다.

"맞아! 오일러의 가장 큰 업적! 수학자들이 정한 '세상에서 가장 아름다운 수식'이 오일러 등식이지. $e^{i\pi} = -1$. 우리 수학동아리 티셔츠 디자인이기도 하고. 과학자 파인먼은 그 공식을 인류의 보배라고도 했어. 양변에 1을 더하면 $e^{i\pi} + 1 = 0$이 되지. 이는 자연수의 시작 1, 인도에서 발명한 0, 원주율 π, 자연로그의 밑 e, 각각 다른 유래를 가진 네 가지 중요한 수가 허수 i를 이용함으로써 간단하게 연결된 거야. 놀랍지 않아?"

티몬이 써메이션의 설명을 거들었다.

"그런 의미가 있었군. 난 그저 공식 외우기에 급급했는데. I야, 넌 또 언제부터 거기서 훌륭한 역할을 하며 조용히 앉아 있었던 거

163

니?"

허수의 i와 I의 이름을 연결한 개그였다. I는 하울의 개그 순발력에 엄지손가락을 들었다.

"오일러가 그의 가장 중요한 업적인 오일러 등식을 찾아낼 수 있었던 데는 젊어서부터 한 무한급수 연구가 바탕이 되었기 때문이야. 급수가 써메이션(Summation)이잖아. 그래서 오일러를 존경한 아버지가 내 이름을 써메이션으로 지은 게 아닐까 생각했어."

써메이션이 매트의 질문에 대한 답을 마무리했다.

"외계어 같아 무슨 말인지 전부는 이해 못 하겠지만 뭔가 근사한 이름 같긴 하다."

질문을 한 매트가 말했다.

"써메이션, 아빠를 찾을 거야?"

I가 물었다.

"여기서 잠깐, 지금까지의 써메이션표 수학 외계어 강의를 떠나 우리 이야기의 시작을 거슬러 올라가보면 한 사람에겐 하나의 질문이라고 했어. I의 질문은 두 번째 질문인 것 같은데 안 그래?"

처음 놀이를 제안한 매트가 다시 한 번 룰을 상기시켰다.

"그러네. 그럼 질문은 다음 기회에 할게."

I는 게임의 룰을 존중했다.

"써메이션의 이름에 이렇게 깊은 뜻이 있었다니 정말 놀랍다. 게임을 하지 않았으면 듣지 못할 이야기였어. 그런 의미에서 모두들 나를 칭찬해줘."

매트가 자신의 머리를 친구들이 앉아 있는 가운데로 들이밀자 친구들이 매트의 머리를 토닥였다.

"자, 그럼 칭찬의 힘을 입어 다음 질문은 누가 할까?"

매트가 이야기의 진행을 이끌어갔다.

"아크만 넌 좋아하거나 사귀었던 여자애가 있어?"

늘 책만 읽는 아크만이 이해되지 않은 하울이 물었다.

"왜? 내가 남자를 좋아하는 아이로 보여?"

아크만의 농담에 당황한 I의 표정을 보면서 아이들이 웃었다.

"아니. 난 네가 남자를 좋아해도 상관없어. 그건 너의 취향이니까. 난 단지……."

하울답지 않게 말이 막히자 아크만이 말했다.

"있어."

"뭐라고? 좋아하는 여자가 있다고?"

"있어."

"우와 대박!"

"그게 누구야?"

"잠깐 그건 두 번째 질문 아니야? 내가 듣기엔 서로 다른 질문인데."

아크만이 말했다.

"존재의 유무와 그 존재가 무엇인지는 엄연히 다른 문제지."

궁금해 미치겠는 하울을 놀리는 듯 써메이션이 아크만을 도왔다.

"서로를 잘 안다고 했지만 사실 어느 선을 넘게 되면 상처가 될까봐 미처 하지 못했던 질문들이 우리 사이에도 많았던 것 같아. 우리가 또 언제 이런 만남을 갖게 될지는 모르겠지만 시간을 벗어난 날에 만났던 오늘 경험은 정말 평생 기억이 날 것 같아. 우리가 크면 언젠가 더 좋은 곳으로 초대하지. 다음에 멋진 곳으로 꼭 초대할게."

맥주잔이 비워지자 시간을 벗어난 날에서 돌아온 티몬과 I는 누가 먼저랄 것도 없이 함께 말을 했다.

"보고 싶다, 써메이션."

"Do you remember?"

"아무 결정이 없군."

아크만이 화면에 뜬 결정 사진을 보고 낙담했다.

"아! 이것이 친구분 오피스텔에서 나온 물의 결정 사진인가요?"

에밀리가 물었다.

"맞아."

아크만의 목소리에는 힘이 없었다.

"결정 사진이 어떤 정보도 담고 있지 않군요."

에밀리도 사진을 보고 아크만의 기분을 살피며 말했다. 실망한 기색이 역력한 아크만은 자리에서 일어나 창가로 갔다.

"이번 겨울은 유난히 긴 것 같아. 눈부신 태양이 정말 오랜만에 나타났어."

아크만은 눈을 감은 채 창에 비치는 햇살을 온몸으로 받아들였다. 에밀리는 아크만의 휴식을 방해하지 않고 책상에 앉아 오후 일정을 체크했다. 그때 아크만의 책상 위에 놓인 핸드폰에서 알람이 울렸다.

"박사님, 메시지가 온 것 같은데요?"

아크만은 책상에 앉아 메시지를 확인했다.

'Do you remember?'라는 메시지였다. 발신번호는 표시되어 있지 않았다.

메시지를 클릭하니 링크된 사이트에서 그림이 나타났다. 아크만은 그 그림을 기억했다.

"써메이션?"

아크만은 설마 하는 생각으로 그림을 터치했다. 그림을 한 번 누르니 색이 칠해졌다. 같은 자리를 한 번 더 누르면 색이 사라졌다.

"$\frac{1}{4}$임을 보이게 색을 칠하시오?"

그때 써메이션이 냈던 그 문제를 떠올렸다. 아크만은 화면을 터치했다. 아크만이 생각한 $\frac{1}{4}$ 영역이 완성되자 새로 뜬 다음 화면에서 한 지점이 표시된 지도가 나타났다. 지도에 표시된 그곳은 친구들과 함께 학창시절을 보내던 동네였다.

"여기는?"

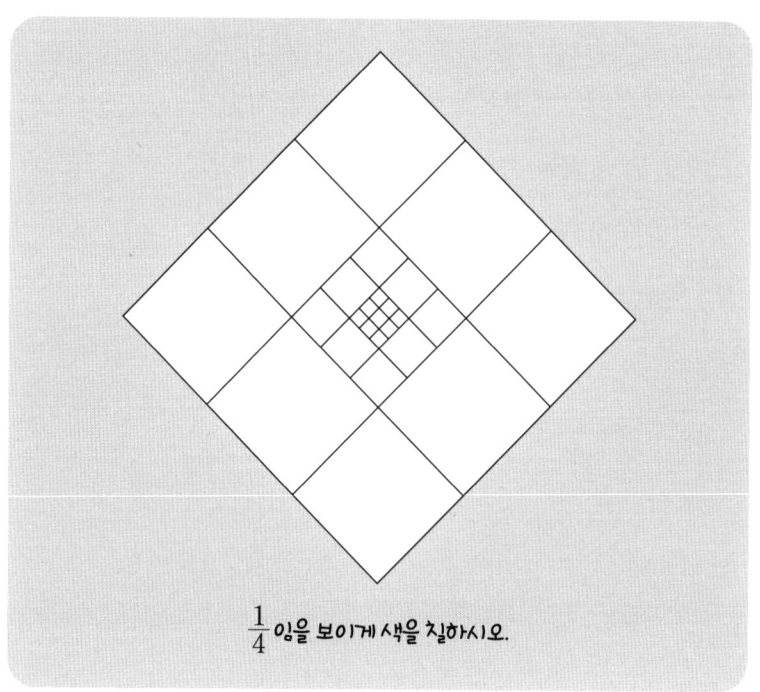

$\frac{1}{4}$임을 보이게 색을 칠하시오.

아크만의 눈동자가 커졌다.

우리가 크면 언젠가 더 멋진 곳으로 초대하지, 라고 말하며 씽긋 웃던 그날의 써메이션의 얼굴이 오버랩되었다.

아크만은 급히 전화목록에서 I를 찾아 통화버튼을 눌렀다. 통화 중이라 연결이 되지 않았다. 다시 연결을 시도했다.

"I. 빨리 받아."

통화 중이었다. 어쩌면 혹시 I가 자신에게 전화를 하고 있을지 모른다는 생각에 아크만은 잠시 숨을 고르고 전화기를 내려놨다.

역시 잠시 뒤 벨이 울렸다. I였다. I 역시 메시지를 받았다는 확신에 가득 차서 아크만이 전화를 받자마자 말했다.

"가자. 난 내 차로 갈게."

아크만은 빠른 동작으로 옷과 차 키를 챙기며 연구소를 걸어 나갔다. 그때 또 전화가 왔다. 이번엔 하울이었다.

"I와 네가 통화 중인 걸 보면 이번엔 나만 받은 건 아니지?"

하울이 확인했다.

"응, 아니야. 거기서 만나."

아크만은 지금 출발하면 그 장소에 3시간 이내에는 도착할 수 있었다. 핸들을 잡자마자 티몬과 통화했다. 출장 중이었던 티몬은 같은 메시지를 받고 회사에 휴가를 신청해서 기다리는 중이었다. 저녁이 되기 전에는 도착할 수 있다고 했다.

아크만은 운전을 한 지 2시간이 넘어 지도에 표시된 장소에 도착했다. 그 장소가 잘 보이는 곳에 주차를 했다. 다행히 주차할 공간이 많았다. 아직 도착한 친구는 없는 듯했다.

차에서 내린 아크만은 건물 주위를 둘러봤다. 해가 지자 기온이 갑자기 뚝 떨어졌다. 낮에 충전했던 태양의 따뜻함은 이미 바닥이 났다. 저녁 무렵 동네는 한적했다. 지도에 표시된 건물의 문을 두드리고 싶었지만 섣부른 행동으로 실수를 할지 모른다는 생각에 친

170

구들이 다 도착할 때까지 차 안에서 잠시 기다리기로 했다. 차 안에서 주변을 두리번거렸다. 학교 다닐 때 보던 그 모습 그대로였다.

'저쪽 골목길로 돌아 학교로 빨리 갔었지. 이 근처에 호수도 있었는데.'

꿈속의 미로에 빠진 티몬을 깨우기 위해 골목을 숨 가쁘게 달렸던 시간도* 떠올랐다.

'학창 시절엔 큰 길이나 지정된 문으로 다니는 것보다 샛길이나 개구멍으로 다니는 걸 왜 그렇게 열광했을까?'

늘 빠르게 바뀌는 도시와 달리 어릴 적 살던 이 동네는 시간이 멈춘 곳 같았다. 시간을 거슬러 과거로 온 듯한 착각 속에서 아크만은 여러 상념에 빠졌다. I, 티몬, 하울도 곧 도착한다는 연락이 왔다.

'과연 써메이션이 저 안에 있을까?'

건물에 있는 창문을 보았지만 인기척이 느껴지지 않았다. 한참을 혼자 밖을 보고 있자니 한기가 느껴졌다. 시동을 다시 켜서 히터를 틀었다. 따뜻한 기운이 올라오자 긴 시간 긴장을 한 여파가 피곤함으로 확 몰려왔다. 아크만은 카시트를 뒤로 조정한 후 기댔다. 의지와는 상관없이 잠이 쏟아졌다.

"탁탁탁."

소리에 아크만은 정신이 번쩍 들었다. 차 밖은 어두웠다. I, 하울,

티몬이 아크만의 차 유리문을 두드리고 있었다. 차 문을 열었다. 친구들이 차에 함께 탔다.

"깜박 잠이 들었나봐."

아크만은 시계를 봤다.

"깜박은 아니군."

한 시간이 훌쩍 지나 있었다.

"괜찮아. 우리도 지금 막 왔어. 건물에 들어가봤어?"

I가 물었다.

"아니. 주변을 돌아보고 너희와 같이 가려고 기다리고 있었어."

아크만이 말했다.

"그래. 아직 초대 시간까지 10분 정도 남았으니까."

티몬이 말했다. 그때 건물 안에서 불이 켜졌다. 사람의 움직임이 보였다.

"저기 봐. 불이 켜졌어. 써메이션일 거야."

하울은 확신했다.

"이 녀석 만나기만 하면 내가 가만두나 봐라. 자신의 약속을 지키려고 우리 애를 얼마나 태운 거야?"

아크만이 상기된 목소리로 말했다.

"도대체 어떻게 된 일인지 물어볼 게 너무 많아."

172

친구들은 써메이션을 찾는 일에 가장 많이 노력한 I의 등을 토닥였다.

"자, 이제 들어가자."

벨을 눌렀다. 망가진 창문으로 들어갔던 첫 번째 초대와는 대조적이었다.

"철컥."

확인도 없이 문이 열렸다.

I, 아크만, 하울, 티몬이 들어서자 정원에 불이 켜졌다. 조명에 비치는 아기자기한 정원이 따뜻해 보였다. 조심스럽게 걷는 I, 아크만, 티몬과 달리 하울은 성큼성큼 걸어 들어가 현관 앞에 먼저 도착했다. 문을 주저 없이 열었다. 불빛이 있었지만 실내를 모두 환히 비추지는 않았다. 하울이 현관 앞에서 주춤하는 사이 I, 아크만, 티몬도 들어왔다.

그제야 거실 전체에 환한 불이 켜졌다.

"짜잔, 친구들! 환영합니다!"

I, 아크만, 티몬, 하울은 소리가 나는 쪽을 쳐다본 채로 굳어버렸다. 아무 말을 할 수 없었다. 건물 안에 있던 사람은 그들이 찾던 사람이 아니었다. 매트였다.

한순간 정적이 흘렀다. 상황이 기대했던 바와 다르다는 것은 매트도 마찬가지인 듯 눈썹을 위로 올린 채 어색한 미소를 지으며 누군가 자신의 인사를 받아주길 기다리고 있었다.

"어…… 매트…… 반가워."

어떤 표정을 지어야 할지 정리가 안 된 얼굴로 I가 먼저 말했다.

"야, I! 이게 얼마만이야. 대학 가고 직장생활 하느라 여기는 까마득히 잊었지?"

매트는 I와 가벼운 포옹을 하며 인사했다.

"매트. 여기에서 부모님 사업을 잇고 있다는 소식은 들어서 알고 있어."

티몬과 매트가 악수를 나눴다.

하지만 하울은 티몬과 I처럼 놀라움을 자제할 줄 몰랐다.

"매트. 너였어? 네가 우리에게 초대장을 보낸 거야?"

하울은 마치 화가 난 듯이 오랜만에 만난 매트에게 큰소리를 쳤다.

"응. 하울 너는 목소리 걸걸한 건 여전하네."

하울의 심정을 알 길 없는 매트의 응대였다. I, 티몬, 아크만은 하울과의 시선을 피했다.

"매트, 반가워. 그런데 말이야……."

아크만이 매트와 인사를 하면서 이 어색한 상황에 대해 설명을 하려는 차에 하울이 끼어들었다.

"이 초대를 한 게 써메이션인 줄 알았어. 우릴 초대한 게 써메이션인 줄 알았다고."

하울은 버럭 소리를 지르고 소파에 털썩 앉아 머리를 헝클어뜨렸다.

하울은 써메이션에 대한 미안함으로 할 말이 많았던 만큼 감정이 쉽게 안정되지 않았다. 아크만은 하울의 옆에 앉아 어깨를 감쌌다.

고통스러워하는 하울과 어두운 표정의 친구들을 보니 반갑게 친구들을 맞이하려던 매트는 당황스러웠다.

"친구들! 난 그저…… 반갑게 너희들을 만날 생각뿐이었어."

매트가 난처한 듯 말했다. 이 상황을 보며 I가 나섰다.

"매트. 하울을 이해해줘. 아니 너를 반갑게 대하지 못했던 우리를 이해해줘. 어디서부터 말을 해야 할지 모르겠지만 사실 지금 우리는 지난 몇 주 동안 연락 없이 사라진 써메이션을 찾고 있었어."

"써메이션이 사라졌다고?"

"그래. 써메이션의 흔적을 쫓고 있지만 아직 찾지 못했어. 걱정하는 마음이 크지만 한편으론 써메이션이 깜짝 하고 스스로 나타날 것 같다는 기대도 하고 있었어. 우리가 생각지 못한 엉뚱한 일을 즐기던 녀석이니까. 그러던 차에 써메이션이 보낸 게 틀림없어 보이는 초대장이 온 거고, 이 건물에 써메이션이 있을 거라 확신하고 들어왔어. 그런데 이곳에 네가 있으리라고는 상상도 못 했어."

"오랜만에 너희들을 만날 생각에 들떠 있다가 너희들 표정을 보고 조금 섭섭해지려고 했는데 사정을 듣고 보니 이해가 되네."

매트가 솔직한 감정을 말했다.

"이해해줘서 고마워."

I가 말했다.

"그런데 친구들. 좀 진정하고 내 말 좀 들어봐."

매트는 두 손으로 진정하라는 손짓을 하며 말했다. 일방적으로 말을 하던 친구들이 잠깐 멈추고 매트를 바라봤다.

"여기로 초대한 건 써메이션이 맞아."

매트는 다시 한 번 모두가 놀랄 말을 했다. I, 아크만, 티몬, 하울은 매트를 응시했다.

"뭐라고?"

I가 다시 물었다.

"이 집으로 초대한 건 써메이션이 맞다고."

도대체 영문을 모르겠다는 표정으로 매트가 말했다.

"무슨 소리인지 좀 더 자세하게 말해줄 수 있어?"

아크만이 물었다.

"난 대신해준 것뿐이야. 물론 나 역시 초대받은 사람이고."

매트의 말은 모두에게 반전이었다.

"최근에 써메이션과 연락을 했다는 거야?"

I가 물었다.

"글쎄 그 최근이라는 기준이 언제지?"

매트가 되물었다.

I는 써메이션이 휴가를 떠난 날을 말했다.

"잠깐 기다려봐."

매트는 자신의 스마트폰 달력을 확인했다.

"응. 그 즈음에도 한 번 만났어."

"뭐라고?"

I, 아크만, 하울, 티몬은 모두 놀란 듯이 외쳤다.

"왜 나는 너를 생각하지 못했을까? 지난번 티몬이 너에게 연락 해봤냐고 물었을 때 바로 했어야 했는데……."

I는 좀 더 빨리 매트에게 연락하지 않은 자신을 자책하며 말했다.

"뭐 다들 바쁘고 우리가 가끔 만날 때 내가 늘 빠졌잖아. 내가 자리 잡느라 일이 바빠 공교롭게도 너희들 모임에 잘 나가지 못했어. 그러면서 자연히 연락이 멀어졌고. 학창시절에 내가 수학을 좋아해서 프로도샘 수업에서 써메이션을 알게 됐고, 우리가 같은 동아리에서 활동한 것은 맞지만 써메이션과 내가 특별히 친한 사이는 아니었잖아. 같이 있어도 거리감 있는 친구였지. 그러니 너희가 써메이션이 사라졌다고 해서 나를 떠올리는 게 오히려 더 이상하지."

매트는 되레 친구들을 위로했다. 그리고 계속해서 말을 이어갔다.

"너희들도 알다시피 난 대학을 갔다가 아버지 부동산 사업을 이어받으러 이곳으로 왔어. 너희들이 도시에서 열심히 생활하는 동안 난 여기에서 열심히 일했지. 이 지역의 부동산은 거의 내가 관리하니까. 일 년 전쯤인가 써메이션이 찾아왔어. 나이가 들어도 그 외모는 여전하더군. 한눈에 알아봤지."

"왜 온 거야?"

하울이 다그치듯 물었다.

"건물 하나를 소개해 달라고 부탁했어."

"건물?"

"난 그때 써메이션에게 놀랐는데 우리 고등학교 때 써메이션 학교에 갔던 날 기억하지?"

"기억하지."

"우리의 이름 첫 자를 딴 동아리 이름도 기억나?"

"MATHIS* 동아리."

옆에서 하울이 중얼거렸다.

"내가 수학과 관련된 직업에 종사하고 있지는 않지만 학창시절 수학 동아리의 첫 자가 내 이름이었다는 자부심은 아직도 갖고 있어. 그 동아리의 인연으로 고등학교 때 써메이션의 첫 번째 초대를 받았었고. 써메이션은 그때 자신이 한 약속을 잊지 않고 있었더라고. 난 당연히 빈 말인 줄 알았거든."

매트가 말했다.

"우리도 그래."

다들 고개를 끄덕였다.

"때가 되면 자신이 근사하게 친구들을 초대해서 함께 보내고 싶은 공간을 찾는다고 했어. 우리가 모두 늙어서 노인이 되면 어린 시절 추억을 떠올리는 이벤트를 준비한다고. 그러면 아무래도 어릴 적 추억이 있는 장소가 좋을 것 같다고 했어. 그래서 내가 이 집을 소개해줬어. 물론 몇 개 후보가 있었는데 지도를 한참 들여다보더니 이곳을 선택하더군. 때마침 가격이 적절하게 나왔고. 써메이션이 원하는 모든 조건에 맞았어."

"써메이션이 원하는 조건?"

"응. 써메이션은 우리 동아리 친구 수만큼의 방이 있기를 희망했어. 그리고 전망. 지금은 밤이라 잘 보이지 않지만 2층에 올라가면 전망이 좋아. 이 건물을 구하고 써메이션은 이곳을 별장처럼 이용했어."

"써메이션이란 녀석 도대체 뭐야. 우리를 위한 공간을 찾았던 거야?"

하울은 써메이션을 한동안 오해했던 것이 더더욱 미안해졌다.

"그리고 최근에 써메이션을 만난 건 아까 말한 대로 휴가를 떠났다고 한 며칠 전이야.

얼굴이 많이 피곤해 보였어. 일에 치여서 그런가보다 했지. 이제 와서 생각하니 써메이션에게 휴식이 필요했던 것 같아. 그때 써메이션이 나에게 너희들 연락처와 하이퍼링크 주소를 알려줬지. 나에게 친구들 초대를 생각보다 일찍 당겨서 해야겠다고 했어."

"무슨 사정이 있었던 걸까? 혹시 무슨 말이 있었어?"

"구체적인 말은 없었어. 난 상대방이 말하지 않는 한 프라이버시라고 생각되는 일은 묻지 않거든. 그게 친구더라도 말이야. 그건 내가 지금까지 사업을 하면서 지켜온 철학이기도 하고.

써메이션이 준 명단과 날짜에 링크된 초대장을 보내는 건 나에게 일도 아니야. 우린 그보다 더 많은 고객에게 단체 메시지를 보내거든. 난 흔쾌히 그 부탁을 접수했지. 초대명단엔 나도 있었어. 난 셀프 초대를 한 거고.

난 회사일로 해외근무를 나가는 정도로 예상을 했지, 써메이션이 아무에게도 말하지 않고 떠나려 한 것인지는 정말 몰랐어. 왜 너희들이 나를 봤을 때 그런 표정이었는지 이제야 알 것 같아.

어쨌든 써메이션이 원하는 날짜에 부탁한 대로 난 너희들을 이곳에 초대했어. 써메이션은 여기가 우리들의 공간이라고 말했어. 언제든지 이용해 달라고 전했거든. 암호는 '에곤 실레'야."

"에곤 실레?"

"써메이션이 좋아한 화가야. 자신의 청소년 시절 모습과 많이 닮아서 그의 그림에서 위안을 받는다고 했어. 참, 방마다 너희들의 이름이 붙어 있어."

매트의 말이 끝나자 거실은 밤의 소리가 들릴 만큼 고요했다. 아무 말을 하지 못하고 넋을 놓고 있는 친구들을 보니 매트는 자신이 뭔가 잘못한 것 같아 괜히 미안해졌다.

"써메이션이 사라졌다니. 나도 지금 써메이션을 기다리고 있었는데 말이야. 도대체 어디로 간 걸까?"

상황을 풀어보려 노력하는 매트의 말만 거실에 공허하게 퍼졌다.

기억의 방

다음 날 회사에 출근해야 하는 티몬, 하울, 아크만은 밤늦게 돌아갔다. 아크만은 거실에 있는 물고기가 없는 수족관에서 물을 담아갔다. I는 방학 동안의 수업이 끝난 터라 하루를 더 머물기로 했다. 매트가 알려준 대로 2층에 있는 자신의 방에서 머물렀다. 하지만 밤새도록 여러 생각이 머리를 스치면서 엎치락뒤치락 하다 깊은 잠을 이루지 못했다. 새벽이 되자 도시에서는 들을 수 없었던 새의 지저귐이 I를 깨웠다. 밤을 샌 것과 다름없이 몽롱했지만 더 자려는 미련을 두지 않고 주저 없이 침대에서 일어났다. 그러고는 커튼을 젖혔다.

아직은 어두워서 아무것도 보이지 않았다. 침대에 걸터앉은 채 몽롱한 눈빛으로 창밖에 시선을 두었다. 써메이션을 찾을 수 있기는 한 건지 다음엔 무엇을 해야 하는지 정해진 것 없이 답답해하는 자신의 마음을 들여다보는 듯했다. 그렇게 어두운 바깥을 한참 바라보고 있었다. 여명이 잠시 비추는가 싶더니 날이 밝아왔다. 밤에는 볼 수 없었던 호수의 경치가 한눈에 들어왔다. 나무들은 잎이 없어도 아름다웠다. 아침 햇살이 호수에 머물며 일렁이는 물결을 따라 반짝였다.

"매트 말이 맞았군."

전망이 좋다던 매트의 말이 떠올랐다.

"내가 살던 동네가 이렇게 아름다웠던가? 어렸을 때는 왜 몰랐을까?"

소박하고 고즈넉한 호수를 품은 전경을 보니 눈은 시원해지고 마음은 따뜻해졌다. 모험을 두려워하지 않던 어릴 적으로 돌아간 느낌이었다.

"이럴 때가 아니지."

I는 경황이 없어서 밤에 둘러보지 못한 이 공간을 하나하나 살펴보기로 했다. 1층으로 내려갔다. 거실엔 매트가 파티를 위해 잔뜩 사다놓은 먹을거리들이 그대로 놓여 있었다. 1층에는 방이 세 개가 있었다. I는 방을 하나하나 열어봤다. 침대와 책상이 하나씩 놓여 있을 뿐 사람이 머문 흔적은 없었다. 방문마다 써메이션의 필체로

183

친구들 이름이 적힌 포스트잇이 붙어 있었다. 써메이션이 각 방을 누구의 방으로 생각하고 있었는지 알 수 있었다. 1층에는 티몬, 아크만, 하울의 방이 있었다.

'써메이션이 머물렀던 방은 어디지?'

I는 2층으로 올라갔다. 방이 세 개였다. 자신이 머물지 않은 나머지 두 개의 방엔 모두 포스트잇이 붙어 있지 않았다.

'하나는 이 집을 소개해준 매트의 방일 거고 다른 하나가 써메이션의 방일 거야.'

I는 확신을 갖고 방문을 열었다. 거기엔 다른 방처럼 사람의 흔적이 없었다.

'역시 여기에도 아무런 흔적이 없는 건가?'

I는 기대 반 포기 반으로 마지막 남은 방문을 열었다. 거기엔 오랜 시간 누군가가 머문 흔적이 있었다. I의 심장이 뛰었다. 좀 더 자세히 살펴보기 위해 방 안으로 들어섰다. 책장에는 수학책들이 꽂혀 있고 테이블에는 정갈하게 깎여 있는 연필이 가득 담긴 필기통과 탁상달력이 놓여 있었다. I는 달력에 적힌 메모를 봤다. 써메이션의 글씨였다.

"오! 써메이션."

I는 자신도 모르게 탄성이 나왔다.

"하늘과 땅 사이에는 우리가 학문과 논리로 설명할 수 없는 게 더 많다. 그것은 받아들여야 할 운명 같은 거다."

쿤 선배가 말한 『햄릿』의 구절이 다시 떠올랐다. 여기서는 써메이션의 행적을 찾을 수 있을 것만 같은 예감이 들어 가슴이 두근거렸다. 깨끗하게 정리되어 있었던 오피스텔과 달리 이곳의 방에는 써메이션의 흔적이 많이 남아 있었다. 차근차근 책장에 꽂힌 책을 훑었다. 그리고 여기저기 메모에 적힌 글을 빠짐없이 읽었다. 새로운 알고리즘을 연구하고 있었던 듯 여기저기에 수식이 적혀 있었다.

I는 첫 번째 서랍을 열었다. 옥스퍼드 노트가 여러 권 있었다. 첫 번째 노트를 열어보니 수식이 가득했다. 수식 사이에 뇌 그림이 간간이 그려져 있었다.

'이것이 혹시 마크의 커넥톰 지도와 관련된 알고리즘인가?'

마구 떠오르는 것을 적었는지 정돈되지 않은 글씨체였다.

'결국 이건 모두 연구노트인가 보군.'

I는 노트를 전부 넘겨가며 살폈지만 수식만 가득할 뿐 써메이션의 행방을 알 수 있는 단서는 찾지 못했다. 두 번째, 세 번째 서랍에도 특별한 것은 없었다.

I는 서랍을 닫고 이번엔 좀 더 꼼꼼하게 탁상달력을 살폈다. 1월

부터 격주로 금요일에 표시된 파란색 동그라미가 눈에 띄었다. 파란색 동그라미는 써메이션이 휴가를 떠난 날짜 이후에도 같은 규칙으로 표시되어 있었다.

'이건 무슨 표시일까? 이곳을 방문한 날짜인가?'

만약에 I의 추측이 맞다면 써메이션은 휴가를 낸 이후에도 이곳을 사용한 것 같았다. I는 모든 가능성을 떠올렸다. 휴가를 떠나기 전엔 비교적 많은 표시가 분포되어 있었는데 모두 다른 색으로 나타나 있었다. 빨간색, 녹색, 검은색으로 표시된 일정이 있었다. 휴가를 떠난 날을 기준으로 표시되어 있는 일정을 확인했다. 휴가를 떠나기 두 달 전엔 S, 한 달 전엔 A, 휴가를 떠난 다음 날에는 D-DAY 4 H로 적혀 있었다.

'뭔가의 약자인 것 같은데……'

I는 도무지 감이 오질 않았다.

'친구들과 함께 살펴봐야겠어.'

달력을 가져가려고 손에 들었다. 책상을 살펴보고 방을 나오면서 다시 한 번 방 전체를 훑어보았다. 특별한 것이 없어 보였다. 하지만 서랍에서 봤던 것과 같은 디자인의 옥스퍼드 노트 한 권이 베개 밑에 깔려 있는 것이 보였다.

'천재들은 꿈에서 나타난 영감을 노트에 적는다더니. 침대에도

노트가 있네. 연구에 미쳤었군.'

I는 베개를 들어 노트를 봤다. 그런데 다른 것과 달리 노트의 표지에 제목이 쓰여 있었다.

'므네모시네 신에게 보내는 독백? 므네모시네는 기억의 신이 아닌가?'

I의 등줄기로 뭔가 싸한 느낌이 스쳐갔다. 노트를 열었다. 노트에 적힌 것은 수식이 아니었다.

오일러 패러독스
알고리즘

므네모시네에게 보내는 첫 번째 독백

닥터 C가 준 메디컬 일지를 잃어버렸다.

서서히 사라져가는 기억을 노트 따위에 담아

기억의 저장장치로 두라는 뜻이겠지.

그러니 아무 노트면 어떤가?

병원냄새 나는 노트보단 이게 낫지.

누군가의 집중도 받지 않을 거고

그저 수식을 끄적인다고 생각하겠지.

키보드가 아니라 펜으로 쓰는 건

생각보다 쉽지 않다.

여기에 뭘 쓸까?

가계부를 적듯 오늘 기억의 출납을 적어야 하나

오늘 날짜에 새로 만들어진 기억

오늘 날짜로 유통기한이 끝난 기억

수식은 한 권을 통째로 쓸 수도 있으련만

여기에 뭘 담을지 좀 더 생각해봐야겠다.

므네모시네에게 보내는 두 번째 독백

한동안 정신없이 바빴다.

새로 짠 알고리즘을 실행하고 오류를 정정하고

예상대로 지난번보다 더 깔끔하게 필요한 데이터를 찾을 수 있다.

뭔가에 몰입할 일이 생기면 지워지는 기억에 대한 감각이 둔해져서일

까?

기억에 큰 변화가 없는 것 같기도 하다.

이번 주엔 스포츠 스타의 과거 기억을 지우는 프로젝트를 의뢰받았다.

189

나야 스포츠에 관심이 없지만 대단한 사람인가 보다.

TV를 잘 보지 않는 내가 TV를 틀 때마다 그 사람이 모델인 광고가 나온다.

높이 올라갔을 때 떨어지면 더 아픈 법.

얼마나 불안할까?

처음에는 그저 재미있어서 시작한 일인데 생각보다 자신의 과거로 고통스러워하는 사람이 많다는 것을 알았다.

하지만 난 모든 사람의 흔적을 지워주진 않는다.

나만의 기준이 있다.

계속되는 못된 행동은 책임을 져야 마땅하겠지만

철없을 적 실수인지, 그 죄책감으로 고통받는 사람인지 판단한 후 작업을 수락한다.

처음부터 완벽한 사람을 요구하는 대중의 엄격함이 너무 가혹하게 느껴질 때가 있다.

대중들의 냉소적 이성을 나로서는 이해하지 못하는 부분이 있다.

문제는 대중의 잣대가 공정하지 않다는 것이다. 같은 잘못이라도 어떤 스타에겐 관대하고 어떤 스타에겐 절대로 용서받을 수 없는 일이 된다.

과거를 철저하게 파헤쳐서 한 치의 윤리적 어긋남이 없는 자인지 판단하는 검증단계를 통과할 사람이 몇이나 될까?

사람은 누구나 실수를 하지 않나?

그리고 그 검증단계에서 증거라고 떠오르는 과거자료들은 정확한 것인가?

그것도 누군가의 필터를 거쳐 나온 기억들인데 남겨진 과거의 기억이 자료로 있다는 것만으로 신뢰할 만하다고 판단하는 것은 무모한 환상이 아닐까?

이 일을 하는 나 역시 대중의 검증에서 자유로운가?

절대 아니다.

대중은커녕 친구 하울의 검증도 통과 못 할 테니까.

므네모시네에게 보내는 세 번째 독백

일지를 쓰는 것을 게을리 했다. 오랜만이다.

하루하루 기억이 사라지는데 더 선명해지는 기억도 있다.

아빠와 헤어진 때의 기억과

하울이 나를 원망하는 눈으로 쳐다본 날의 기억이다.

이상하게도 내가 잊고 싶은 기억은 더 선명해진다.

그 기억을 위해 마음이 더 많은 에너지를 쓴 탓이겠지.

잊고 싶은 기억은 내가 극복하지 못한 문제였다는 생각이 든다.

하지만 잊고 싶은 기억도 이젠 스스로 사라지겠구나, 라는 생각이 든다.

어쩔 수 없이 사라지기 전에 그 당시 내가 극복하지 못했던 문제를 해결하고

내가 스스로 삭제하고 싶다.

므네모시네에게 보내는 네 번째 독백

잊혀지지 않은 기억을 살펴보면

과거의 내 힘으로 극복할 수 없어서 해결하지 못한 채 마음에 남아 있거나

아니면 그때에는 나름대로 해결한다고 했지만 성숙하지 못한 판단으

로 누군가에게 의도하지 않은 상처를 준 일이다. 어설펐던 과거의 내가 부끄러워 잊으려 했지만 결국엔 그러지 못한 것이다.

하나의 복소수에 로그를 취하면 무한개의 값이 존재한다.

하나의 복소수에 대해 로그를 취하면 여러 개의 값으로 나타낼 수 있다는 것을 인정하기 전까지

복소수의 로그 계산에는 설명할 수 없는 패러독스들이 나타났다.

오일러는 복소수 로그를 다가함수로 인정하면서 패러독스를 해결했다.

인간도 어찌 하나의 자아를 갖는단 말인가?

내 몸을 거쳐간 '나'는 과연 하나일까?

일곱 살의 나와 열일곱 살의 나와 현재의 내가 만났을 때 우리는 모두 같은 사람이라 할 수 있을까?

'나'라는 물리적인 몸을 매개로 수많은 자아가 거쳐갔다.

내 몸이 사라지는 바로 그날, 수많은 자아의 수렴상태 하나로만 최종 나로 받아들여야 하는가? 그렇게 되면 내 몸을 지나갔음에도 과거의 나는 나로 인정받지 못하는 패러독스가 나타나는 게 아닐까? 그것은 복소수 로그를 다가함수로 인정하지 않았을 때와 같은 패러독스이다.

복소수 로그를 다가함수로 인정하면서

복소수 함수를 더 깊이 있게 이해하고 그 과정에서 수학이 더 발전했듯이

우리를 거쳐간 다양한 자아도 그 자체로 모두 인정하면 자신을 깊이 있게 이해하여 풍성한 인생을 살 수 있게 될 것이다.

부끄러워 숨기려고만 했던 과거의 나를 찾아 그대로 인정하고 싶다. 그리고 숨기는 데 급급하여 그때 내가 하고 싶은 대로 하지 못했던 일을 하고 싶다.

다시 일곱 살의 나를 찾아 "왜 나를 버렸냐"고 아빠에게 묻고 싶다. 열일곱 살의 나를 찾아 친구 하울과의 오해를 더 적극적으로 풀고 싶다.

하울이 원했던 대학의 입학허가가 취소되었을 때 나를 원망하던 그 눈빛을 잊을 수가 없다. 내가 한 일이 아니라고 좀 더 적극적으로 오해를 풀지 못한 내가 한심하다. 제대로 오해를 푸는 법을 배운 적이 없다. 그 당시엔 내가 하지 않은 일에 대한 오해를 풀기 위해 애쓰는 것은 나답지 않다고 생각했다. 한편 하울이 겪은 일이 그렇게 심각한 일이 아니라고 내 나름대로 생각했다. 나에게 별로 심각하지 않으면 다른 사람도 심각하지

않을 거라 생각했다.

대학을 못 가면 어떤가? 조금 돌아가면 어떤가? 인생은 교과서가 아닌데 늦더라도 자기가 원하는 방향으로 가면 되는 것 아닌가? 이런 생각을 갖고 있던 나에게 하울이 합격 취소 통보를 받고 자신의 미래를 송두리째 잃어버린 양 고통스러워하는 것이 나에겐 와 닿지 않았다. 그러나 그 생각의 바탕엔 타인에 대한 이해가 없었다. 친구 한 사람도 납득시키지 못한 사람은 인생에서 성공했다고 할 수 없다고 하지 않던가? 이렇게 오랫동안 하울의 눈빛이 나에게 남아 있을지는 나도 몰랐다. 하울은 사실을 떠나 자신의 슬픔을 공감해주지 않는 나를 친구라고 생각했던 것에 심한 배신감을 느꼈을 수도 있다.

그땐 그걸 몰랐다. 이제야 하울이 그때 받았던 좌절감을 그대로 갚아주려고 한다. 이 방법이 윤리적인지는 나에게 묻지 말아주길. 그걸 제대로 답할 여력이 없다.

화해를 하고 용서를 받아 마음에서 떠나보내는 방법으로 차라리 내가 적극적으로 나의 기억을 지워가고 싶다. 다른 이의 기억을 지우지만 말고 이제 나의 기억을 지우는 여정의 알고리즘을 짜야겠다.

므네모시네에게 보내는 다섯 번째 독백

신은 나의 독백을 들어주실까?

몇 번을 곱씹고 있다.

내 기억이 사라지기 전에 하울의 복수를 해줄 거다.

내 기억이 사라지기 전에 아버지를 만나 묻고 싶다. 왜 나를 버렸는지.

내 기억이 사라지기 전에 아브기가 더 좋은 사람을 만날 수 있게 떠날 거다.

내 기억이 사라지기 전에 친구들을 멋지게 다시 초대할 거다.

므네모시네에게 보내는 여섯 번째 독백

증상이 더 자주 나타난다.

닥터 C가 준 약은 효과가 있는 건지 모르겠다.

그냥 영양제를 먹고 기억이 좋아진다고 착각하고 있는 것은 아닐까?

곧 약을 받으러 가야 할 때가 다가오니 생각이 많다.

이 주일에 한 번씩 방문한다.

닥터 C에겐 속마음을 모두 내려놓게 된다.

닥터 C는 몇 사람을 만나지?

남이 내려놓는 속마음을 모두 담다가는 그의 뇌가 폭파될지 모른다.

난 어쩔 수 없이 기억이 없어지지만

C는 슬기롭게 남의 기억을 자신의 마음에 담지 않는 방법을 깨친 것이

틀림없다.

기억을 지우는 여정을 더는 미룰 수 없다.

오늘은 마음잡고 자리에 앉아

나의 기억을 찾아가는 과정을 통해

미래의 나를 만나게 하는 여정의 알고리즘을 짰다.

얼마 남지 않은 시간

과거에 잊고 싶은 기억을 지우는 동시에

친구들을 다시 초대하겠다는 약속을 모두 이루고자 한 나의 의지가

담긴 알고리즘이다.

아빠에게 버림받았던 어린 나를 만나고

친구의 원망을 받았던 청소년의 나를 만난다.

부끄러워 잊고 싶은 과거 속의 나도 내 자아로 당당히 인정하려 한다.

알고리즘의 이름은 오일러 패러독스라 이름 지었다.

D-DAY는 언제로 정할까?

과연 친구들은 내 초대에 응해줄까?

그리고 그들은 나를 찾을 수 있을까?

므네모시네에게 보내는 일곱 번째 독백

요양원에 다녀왔다.

엄마의 기억이 왔다 갔다 하다 지금은 내가 일곱 살 때에 머물러 있는 것 같다.

아빠를 기다리신다.

두 번의 결혼을 모두 실패한 엄마에겐

내가 유일한 희망이었고 그 희망은 나에게 구속이었다.

그 구속을 벗어나려 모질게 대했던 그 모든 순간이 엄마에겐 잊고 싶은 기억이 되셨겠지.

더 빨리 그 모든 기억을 잊고 싶으셨나 보다.

그러다 이제 나도 지우셨다.

이제 나도 엄마를 기억하지 못하게 된다.

서로 가장 잊지 못해 하는 사이가

서로를 기억하지 못하는 사이가 된다.

기억을 모두 잃게 되면

엄마를 기억하지도 못하는 사실이 슬프다는 것도 느끼지 못하겠지.

미래의 나는 느끼지 못할 일에 대한 그 슬픔이

현재의 나를 처절하게 흔든다.

감정도 가불이 되나보다.

이제 내가 얼마나 더 자주 올지 모른다.

내 기억이 아직은 온전함에 가까울 때 엄마의 편안한 여생을 위한 준
비를 해두었다.

므네모시네에게 보내는 여덟 번째 독백

오일러 패러독스 알고리즘을 실행하기 위해서는 현재의 나와 미래의
내가 합의한 오디세우스의 계약이 필요하다.

그 계약의 실행을 도와줄 사람이 필요하다.

매트가 좋을 것 같다.

매트를 만날 거다.

므네모시네에게 보내는 아홉 번째 독백

매트가 소개해준 집. 여기가 좋다.

어린 시절을 보내던 곳으로 오니 다 잊었다고 생각한 옛기억이 떠오른다.

내 기억력 회복에 도움이 될까?

좋은 기억, 나쁜 기억 가리지 않고 나에겐 필요하다.

친구들의 방을 보니 뿌듯하다.

친구들이 이곳을 자신의 개성으로 채웠으면 좋겠다.

므네모시네에게 보내는 열 번째 독백

상반기 뇌과학학회 일자가 정해졌다.

아직은 두 달 정도 남았다.

내가 사라질 날도 정해졌다.

이제 본격적으로 오일러 패러독스 알고리즘이 실행된다.

매트를 한 번 더 만나 친구들을 초대할 일정을 알려줘야겠다.

이 모든 오일러 패러독스 알고리즘이 실행되면
하울에 대한 내 기억을 부담 없이 잊을 거다.
아빠에 대한 원망도 잊을 거다.

어쩌면 이 여정은 하울을 위한 일이 아니고
그것을 잊지 못해 괴로워했던 나를 위한 일일 것이다.

므네모시네에게 보내는 열한 번째 독백

생각보다 싱거웠다.

마크는 유혹하기 너무 쉬운 상대였다.

인정받고 싶은 욕구가 너무 크다.

그 욕망이 똑똑한 마크를 망친다.

마크는 왜 나를 그토록 질투했을까?

나는 그를 상대하고 싶지 않았다.

그렇지만 난 그를 상대하게 되었다.

마크는 하울이 느꼈던 좌절감을 아주 똑같이 맛보게 될 것이다.

그게 내가 모든 것을 하루아침에 잃은 상실감으로 고통받았던 하울에게 해줄 수 있는 선물이다.

므네모시네에게 보내는 열두 번째 독백

오늘 사색에선 일곱 살의 나를 만났다.

난 일곱 살의 나를 잊기 위해 늘 처절하게 보냈다.

일곱 살의 나를 거쳐 지금의 나에 도착했지만

일곱 살의 나와 지금의 나는 전혀 다르다.

일곱 살의 나는 아빠 없는 아이였다.

아빠는 집을 나가셨고 난 그 이유를 지금까지 모른다.

'이 집에서 슬픔은 안 된다.'고 말하는 것 같은 엄마의 눈빛에 나의 궁금증은

판도라의 상자에 가둬졌다.

교양 있는 엄마는 상스러운 말씀은 절대로 하지 않았지만

아빠는 자식을 버린 못된 남자라는 것을

온몸으로 전해주셨다.

일곱 살의 나를 지우려면

아빠를 만나야 했다.

난 이번 여정에서 아빠를 만났다.

왜 나를 버렸는지 물었다.

그 기억을 담담히 적어 내려가는 것은

그 기억을 마음 편히 잊기 위함임을 신은 아시겠지.

이젠 일기의 순서와 문맥이 맞는지도 알 수가 없네.

므네모시네에게 보내는 열세 번째 독백

하루하루 생각이 많아진다.

회사 사람들은 내가 알고리즘을 구상한다고 여기겠지.

사람들에게 어느 정도 거리감 있는 인간관계는

편하기도 하지만 더 깊은 이야기를 나눌 상대가 없다는 사실은

끝없는 외로움을 남긴다.

내 기억이 다 사라지기 전에

친구들과 약속한 것은 지켜야 할 텐데.

어떻게 나답게 약속을 지킬 수 있을지 생각 중이다.

므네모시네에게 보내는 열네 번째 독백

아브기와 헤어졌다.

모진 말을 남겼다.

아브기는 모른다.

내가 그녀를 얼마나 사랑하는지.

언젠가 그녀를 기억하지 못하게 된다는 것을

알게 된 지금이

얼마나 내겐 고통스러운지.

기억을 더 잊게 되면

그 고통도 잊혀지겠지.

나는 괜찮은데

아브기도 그렇게 돼야 할 텐데.

만날 때마다 늘 머릿속엔

내가 '새벽'을 위해 무엇을 해야 하는가, 하는 생각뿐이었다.

아브기도 내가 본인과의 관계에 집중하지 못하고 있음을

안 것 같다. 그 섭섭함을 그대로 두는 게 헤어질 때 더 낫다.

내가 그토록 증오했던 선생님의 딸이라는 것이

사랑 앞에선 무의미했다.

미안해 아브기

사랑해.

아브기를 잊으며

30대의 나도 사라진다.

므네모시네에게 보내는 열다섯 번째 독백

매트를 만났다.

실수를 할까 걱정돼 많은 이야기를 나누지는 않았다.

아이들의 연락처와

내가 코딩한 초대장 주소링크를 알려줬다.

초대장을 보낼 날짜도 알려줬다.

이제 이 오일러 패러독스 실행을 시작하는 엔터키는 매트가 잡았다.

매트 고마워.

므네모시네에게 보내는 열여섯 번째 독백

내가 만든 알고리즘들은 실행 후 오류를 수정할 수 있었는데

오일러 패러독스의 알고리즘은 성공인지 실패인지 알 길이 없네.

친구들은 내 초대에 응할까?

이 여정에 친구들이 관심을 보일 만큼 나에 대한 애정이 남아 있을까?

이 여정의 끝에 있는 나를 찾아올 수 있을까?

므네모시네에게 보내는 열일곱 번째 독백

개인적인 일로 내 일을 소홀히 할 수는 없다. 쿤 대표에게 미안하다.

요즘 회사에서 나를 싫어하는 사람들이 적지 않음에도 날 아껴주는 의리 있는 사람이다.

지금보다 훨씬 더 정교하게 사람들의 데이터를 찾아낼 수 있는 알고리즘을 짰다.

누군가의 지우고 싶은 기억을 지워주는 일은 내가 신이 된 것 같아 매력적이다.

신의 영역을 건드린 죄로 난 기억을 잊게 되는 건가?

난 신을 믿지 않지만 므네모시네 신에게 빌어봤다.

내가 다 잊어도 사랑했던 사람들만은 기억하게 해달라고.

신이 내 말을 들어줄지는

시간이 지나보면 알겠지.

므네모시네에게 보내는 열여덟 번째 독백

전혀 기억하지 못하는 일이 점차 많아지고 있다.

웃음으로 모면하지만 언제까지 가능할까?

내가 이렇게 간절히 병을 낫게 하고 싶어 할 줄은 몰랐다.

예방주사도 맞지 않던 내가 약을 꼬박꼬박 먹고 있으니 말이다.

손에 잡히지 않는 기억을 잡기 위해

손에 잡히는 알약을 먹는다.

보이지 않는 것은 보이는 것보다 한 차원 높은 대상이라 생각했는데

아래 차원의 것으로 그 위의 차원의 것을 잡으려 하는 내가 우스꽝스

럽다.

하지만 그 끈도 잡고 싶다.

므네모시네에게 보내는 열아홉 번째 독백

닥터…… 뭐였더라.

이름이 기억나지 않는다.

내가 있을 곳을 소개받았다.

위치상 내 오일러 패러독스 알고리즘의 종착지로 가장 최적화된 곳이다.

우동이 맛있었다.

친구들은 나를 찾아올 수 있을까?

친구들아 나 두려워 나를 찾아와줘.

. . .

I는 일기장 므네모시네를 덮었다.

하염없이 흐르는 눈물을 멈출 수가 없었다.

'맞아. 써메이션은 뭐 하나 평범한 게 없었지.

뛰어난 사람에게 쏟아진 질투와 시기.

불우한 가정환경으로 받았던 오해.

그 아이가 받았던 시선과 관점의 폭력을 과연 나라면 견딜 수 있

었을까?

이 모든 것이 아무렇지도 않아 보였지만 그렇게 보이려고

얼마나 부단히 신경을 쓴 것일까?'

I는 한참을 흐느낀 후, 다부진 표정으로 친구들에게 일일이 전화

를 걸었다.

"우리가 좀 더 빨리 써메이션을 찾아야 할 것 같아. 만나서 얘기하자."

$$e^{i\pi} = -1$$

늦은 밤 아크만의 연구실에 불이 켜졌다. 전날 울먹이는 I의 전화를 받은 친구들이 모두 모였다. I로부터 들은 써메이션의 일기 이야기로 다들 숙연한 분위기였다.

"우리가 최대한 지혜를 모아 써메이션을 찾아보자!"

티몬이 말을 꺼냈다.

"도대체 써메이션은 어디에 있는 거야. 기억을 잃고 어디서 헤매고 있는 건 아니겠지? 그게 다 내 탓인 것만 같아. 내가 써메이션을 괴롭혔어."

하울의 감정이 격해졌다.

"하울. 그렇지 않아."

I가 하울을 다독였다. 그리고 아크만을 보며 말했다.

"아크만이 우리에게 해줄 말이 있는 것 같아. 아크만 준비됐어?"

준비되었다는 눈짓을 보낸 아크만은 사진 하나를 연구소 벽면 모니터에 띄웠다. 흑백에 선명한 나선 모양의 결정이 나타났다.

"이건 우리를 초대한 써메이션 별장의 거실에 담긴 물에서 채취한 결정 사진이야."

아크만이 말했다.

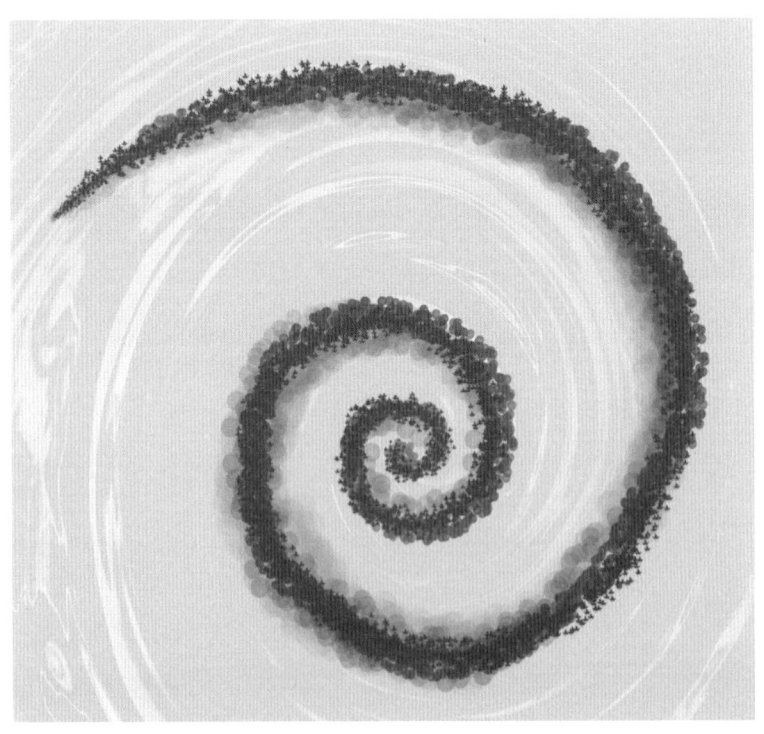

"이게 진짜 물에서 나타난 결정이라고? 물이 이렇게 생겼다고?"

매트는 모니터 가까이에 가서 화면을 만지며 감탄했다.

"정말 신기하다. 아름다워."

티몬 역시 멍하니 화면을 바라봤다.

"처음 이야기를 듣는 친구들도 있으니 조금 설명이 필요하겠다."

아크만은 다른 사진들도 화면에 띄워 자신이 연구한 사람들이 만들어낸 다양한 결정 사진을 하나씩 보여줬다.

"이건 다른 사람들의 방에서 나온 다양한 결정 사진이야."

"이게 다 물의 결정 사진이라고?"

매트가 결정 사진을 본 느낌을 말했다.

"모두 물의 결정은 아니야. 우리가 제작한 공기의 파동을 흡수하는 칩으로 수집한 공기의 결정도 있어. 지금처럼 사진으로 볼 수 있고 3D 프린터로도 출력이 가능해."

아크만이 말을 했다.

"물과 공기가 기록을 한다니, 내 생각의 범위를 넘는 이야기야."

매트가 말했다.

"고등학교 때 도서관에서 우연히 찰스 배비지의 주장이 담긴 책을 읽었었지."

"찰스 배비지?"

"수학자 아니야?"

친구들은 호기심 어린 눈으로 아크만을 바라봤다.

"그는 공기 자체가 하나의 거대한 도서관이며 공기의 페이지들 위에는 지금까지 사람들이 말하고 속삭인 모든 것이 영원히 적혀 있다고 했어. 공기에는 사람들의 최초의 한숨과 최후의 한숨이 뒤섞여 영원히 기록되어 있다는 거지. 파동으로 말이야.

간단히 말하면 공기에 남는 누군가의 파동의 흔적은 완전히 없어지지 않고 어딘가에 꼭 남아 있다는 거야. 정말 기발하지 않아? 난 그 생각을 꼭 구현해봐야겠다고 다짐하고 열심히 연구했고 완벽하지는 않지만 어느 정도 결실을 맺고 있어. 사람이 머문 공간의 공기 안에 남겨진 파동의 흔적으로 거기에 담긴 의미를 역으로 찾아낼 수 있게 된 거야. 또 우리 연구소는 공기에서 더 나아가서 물까지 확장시킨 거고."

친구들은 아크만의 긴 설명을 진지하게 들었다. 알 듯 말 듯한 표정을 짓는 친구들을 위해 아크만은 좀 더 구체적으로 설명했다.

"모든 것은 파동을 갖고 있지. 사람도 그래. 좋아하는 사람을 만나면 그 파동을 확실히 느낄 수 있듯이 말이야."

"그렇지. 설레는 두근거림이 있지."

매트가 장단을 맞췄다.

"우리가 인식하지 못하는 순간에도 우리의 몸은 파동을 전하고 있거든. 물이나 공기는 침묵하면서 그 파동을 기록한다고 생각하면 돼. 슬픔을 안고 있는 사람은 슬픔의 파동을 내보내고 기쁘고 즐거워하는 사람은 그런 파동을 보내. 이것처럼 타인을 사랑하거나 감사하는 맘을 갖고 표현하는 사람에게는 사랑의 파동이 나타나 숭고한 결정이 만들어지고 다음 사진처럼 범죄인의 파동으로 생긴 결정은 파괴적이며 물이 고통스러워하는 형상이지."

"설명을 듣고 보니 더 신기하다."

매트는 계속해서 감탄을 했다.

"물과 공기는 세상의 모든 이야기를 담아 결정으로 보여주는 거야."

아크만은 다양한 사람들의 사진을 보여주며 친구들에게 설명을 했다. 그리고 마지막에 다시 써메이션의 방에서 나온 결정을 화면에 올렸다.

"그런 관점에서 보면 써메이션의 집에서 채집한 결정은 참 독특해. 나선 모양이지. 지금까지 내가 본 결정 중에서도 처음 본 형태야. 무엇보다 아주 선명해. 아마도 써메이션은 나선과 관련된 생각을 많이 한 것 같아. 그것의 강력한 파동을 물이 느낀 거야."

"도대체 무슨 말을 하려고 하는 건지 아직 감이 오질 않아."

하울이 말했다.

"써메이션의 물의 결정에서 나온 나선 말이야, 어쩌면 이게 써메이션의 위치를 찾을 수 있는 단서가 될 수 있지 않을까? 그게 내 생각이야."

아크만이 말했다.

"혹시 뭐 또 다른 생각이 떠오르는 사람은 없니?"

I가 친구들을 보며 말했다. 그때 티몬이 모니터를 뚫어지게 보며 말했다.

"나선 사이의 거리가 증가하는 것으로 보아 저건 로그나선이야."

티몬이 말했다.

"로그나선?"

I, 하울, 아크만, 매트가 동시에 물었다.

"그래. 로그나선. 베르누이나선, 황금나선 등 다양하게 불려."

티몬이 풍부한 수학지식으로 써메이션의 방에서 나온 물의 결정에 나타난 나선에 대해 설명했다.

"그래, 써메이션은 나선을 좋아했어. 그리고 우리가 함께 본 그날의 나선계단을 잊지 못한다고 했지. 아! 맞다! 고등학교 때 우리를 초대했던 초대장도 나선 모양으로 칠해지게 구성했잖아."

하울은 나선과 써메이션과 관련된 이야기가 드디어 떠올랐는지 신이 나서 말했다.

"그날 너도 기억하는구나!"

티몬이 하울에게 장단을 맞추며 말을 이어갔다.

"우리도 기억해."

아크만, 매트, I가 동시에 답했다.

"그날 써메이션이 자신의 이름에 대해 말했던 거 기억나?"

티몬이 물었다.

"그럼."

I는 확실히 기억하는 듯했다.

"오일러의 가장 중요한 업적의 바탕이 된 급수 연구에 의의를 두고 아버지가 자신의 이름을 써메이션으로 지었다는 이야기였지."

아크만 역시 기억을 떠올렸다.

"자, 봐. 로그는 오일러와 관련이 아주 깊어. 오일러 수 e는 바로 오일러 로그함수를 미분하는 과정에서 발견했거든."

티몬이 말했다.

"그렇다면 로그나선을 띠고 있는 물의 결정이 오일러와의 연결 고리를 암시한 거라는 말이야?"

아크만이 티몬을 향해 물었다.

"응, 그래. 지금까지는. 너희 생각은 어때?"

티몬은 I, 아크만, 매트, 하울을 둘러보며 자신의 생각에 대해 물었다.

"글쎄, 난 도대체 너희가 무슨 말을 하는지 솔직히 잘 모르겠어. 내가 수학 공부를 계속한 사람도 아니고 말이야."

하울은 아직 감이 오지 않는 표정이었다.

"오일러를 암시하는 거라고?"

그때 티몬의 설명을 신중하게 듣던 I가 뭔가 생각났다는 듯이 자리에서 벌떡 일어났다.

"맞아! 써메이션이 우리를 초대한 시간을 벗어난 그날, 우리가 깊이 있게 이야기했던 오일러의 공식 기억나?"

"$e^{i\pi} = -1$ 말이야?"

티몬이 말했다.

"혹시 그 식을 그림으로도 나타내보면 어떻게 되지?"

"그래프?"

"아크만, 혹시 쓰면서 설명할 만한 것이 있을까?"

"응. 여기 화이트보드가 있어."

아크만은 구석에 세워놓았던 화이트보드를 화면 앞으로 끌어왔다.

"써메이션은 자신이 공부하고 이해한 수학 내용을 설명할 때 수

식보다는 그림을 이용했어. 써메이션은 남들과는 조금 다르게 수를 느꼈어. 수를 시각적으로 받아들였지. 어릴 적 다른 아이들 앞에서 수를 가지고 대화를 하거나 시각적인 이미지로 나타내다가 미쳤다는 소리를 듣고 사람들 앞에서는 잘 표현하지 않았다고 하는데, 난 그게 너무 재미있어서 계속 얘기해 달라고 했었거든."

I가 써메이션의 이야기를 하는 동안 티몬은 화이트보드에 오일러공식을 그래프로 그리기 시작했다.

"처음 듣는 이야긴데?"

매트가 말했다.

"우리는 숫자를 공간적으로 느끼지 않지만 써메이션은 수와 식이 어디에 위치한다는 식으로 느꼈어.

6174가 어디에 떠서 자신을 바라보고 있는지 파이의 끊임없는 행렬이 어떻게 놓이는지 영감으로 떠올렸었다고.*

자신과 관련된 모든 숫자 정보를 공간에 배열해 놓았어. 하지만 우리끼리 있을 때는 잘 드러내지 않았지.

모든 식을 시각적으로 나타내려고 했고 미술관에 가서도 작품을 식으로 받아들였어. 수를 공감각적으로 느끼는 것 같았어. 그래서 말인데 늘 수와 식을 시각적으로도 해석해서 느끼는 써메이션을 따라해본다면 써메이션은 오일러의 식들도 시각적으로 인식하고 있었을 거야."

I의 말이 끝날 때쯤 티몬이 그래프의 형태를 완성했다.

"$e^{i\pi}$를 무한 급수로 나타내면 $e^{i\pi} = 1 + \dfrac{i\pi}{1!} - \dfrac{\pi^2}{2!} - \dfrac{i\pi^3}{3!} + \dfrac{\pi^4}{4!} + \cdots$
$= -1$이 되지.

이 식은 실수 1에서 출발해 허수의 덧셈 뺄셈과 실수의 덧셈 뺄
셈을 반복해가면서 -1에 가까워진다는 뜻이야. 그래서 좌표평면
의 가로축을 실수로, 세로축을 허수로 하면 이런 모양으로 나타낼
수 있어."

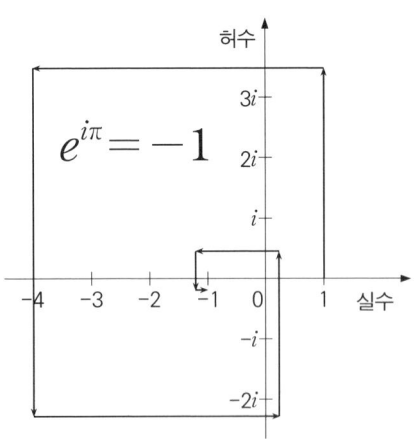

"저 그래프는……."

I가 벌떡 일어서서 자신의 오른쪽 주머니에서 메모를 꺼냈다.

"이것 봐. 이건 지금까지 써메이션을 찾으며 관련된 장소를 표시한 지도의 좌표야."

"그때 그린 그림 이후 더 완성된 지도구나!"

티몬이 기억하고 있었다. 티몬은 자신이 그렸던 그래프 옆에 I가 표시한 좌표를 그렸다.

매트는 I의 손에 잡힌 메모를 뺏어 그래프와 비교했다.

"같은 패턴이야."

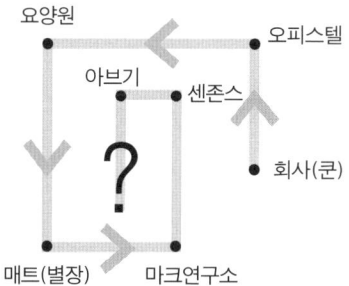

"써메이션은 이 그래프대로 쫓아가고 있었어."

"그러고 보니 우연의 일치일까? 오일러가 자연수의 시작 1, 인도에서 발명한 0, 원주율 π, 자연로그의 밑 e, 각각 다른 유래를 가진 네 가지 중요한 수를 연결 지은 건 허수가 가진 중요한 성질을 간파한 다음이었어. 그런데 허수는 i잖아. 우리 중 I는 너고! 그렇다면 써메이션은 자신의 흔적을 I 네가 찾아낼 수 있으리라 생각한 건 아닐까?"

매트가 흥분해서 말했다.

"써메이션이 이 모든 걸 예측한 거라고? 그렇다면 우리가 드디어 해답을 찾은 거야?"

하울이 물었다.

"아직은 아니야, 아직은……."

I가 말했다.

"$e^{i\pi}$는 -1을 근접해가잖아. 써메이션은 도대체 어디로 근접해가는 걸까? 흐름대로라면 다음 장소는 이 근처인데……."

아크만은 화면의 지도를 보며 생각에 골몰했다.

"써메이션은 우리를 늘 모험*에 빠지게 해주는군."

두 개의 그래프를 들여다보며 티몬이 말했다.

하지만 이 모든 수학적 상황의 풀이 방법을 전혀 이해하지 못하고 있던 하울은 자신이 아무런 도움이 되지 못하는 것 같아 더 자괴감이 들었다. 그저 친구들이 그려놓은 화이트보드 앞의 그래프를 한참 들여다볼 뿐이었다. 그러길 얼마의 시간이 지난 후 하울이 자리에서 벌떡 일어섰다.

"얘들아, 나 알 것 같아."

아이와
어른의 시간

'당신의 기억이 여기 있습니다. C & M 리멤버연구소'

다음 날 하울은 I와 함께 연구소에 도착했다. 하울은 채드 원장을 만나기 위해 올라갔고 I는 건물 밖에서 기다렸다. 하울은 채드 원장을 만나러 가는 중에도 자신의 생각에 계속 의문이 들어 원장으로부터 어떤 이야기를 들을지 몰라 무척 초조한 얼굴이었다. 하울은 원장을 만나 지금까지의 일을 모두 구체적으로 이야기했다. 온화한 미소의 채드 원장이 말을 했다.

"하울 씨, 여기 처음 오신 날 써메이션을 못 보셨나요? 금요일마다 이곳을 방문했거든요. 제 기억으로는 써메이션이 막 나가자마자 하울 씨도 저랑 잠깐 이야기하고 타운 쪽으로 가셔서 두 사람이 잘하면 만날 수도 있겠다고 생각했지요. 써메이션이 저에게 어찌

나 하울 씨를 신뢰할 만한 분이라고 크게 칭찬했는지 모릅니다. 그의 추천을 받고 우리는 하울 씨 회사를 면밀하게 검토해 바로 결격 사유가 없어서 납품을 결정한 거랍니다."

채드 원장은 써메이션과 어떻게 인연을 맺게 되었으며, 지금 써메이션의 상태는 어떤지 짧지 않은 이야기를 해주었다. 하울은 순간순간 울컥거렸지만 자제하면서 끝까지 이야기를 들었다.

"아주 특별했던 뇌를 가졌던 사람이라 자신의 기억이 사라진다는 사실을 더 어렵게 받아들였어요. 무척 힘든 고통이 따르는 일이었지요. 하지만 기억이 얼마 남지 않았을 때 자신이 해결해야 할 일들을 마무리한 이후로는 미련 없이 자신의 상황을 받아들였어요.

무엇보다 하울 씨와의 오해를 풀고 싶어 하셨죠. 또 일곱 살의 자신을 버리고 간 아버지를 만나서 왜 자신이 버려졌는지 알고 싶어 했고요. 무엇보다 어려웠던 청소년 시절 소중한 모험을 함께한 친구들을 다시 초대할 수 있어서 다행이라 생각하셨죠.

써메이션은 현재의 자신이 과거 일곱 살 때의 자신과 10대의 자신과 20대의 자신과 만나면서 화해하고 그때 피했거나 돌이켜봤을 때 성숙하지 못하게 해결해서 미련이 남는 기억을 정리하는 것으로 남은 시간을 보내셨어요. 그 방법이 윤리적으로 옳은지에 대한 판단은 미루셨습니다."

"그래서 써메이션은 지금 어디에 있나요?"

하울은 써메이션을 당장 만나고 싶었다. 진심을 다해 사과를 하고 싶었다. 채드 원장은 써메이션이 있는 곳을 하울에게 말해주었다. 그곳은 하울도 잘 아는 곳이었다. 하울은 이야기를 마치고 엘리베이터를 타고 내려오는 동안 가슴 깊은 곳에서 올라오는 눈물을 참을 수가 없었다. 그래도 채드 원장은 희망적인 말을 남겼다. 그가 건넨 마지막 말이 계속 맴돌았다.

"참! 써메이션은 처음 찾아왔을 때보다 점점 더 아이 같은 얼굴이 되고 있습니다. 마음이 편하신가 봐요. 다음엔 그 친구분들 모두 만나뵙고 싶습니다. 써메이션도 좋아할 거예요."

밖에서 기다리던 I는 연구소에서 나오는 하울의 얼굴을 보고 모든 것을 확신했다. 하울은 I에게 다가왔다.

"같이 갈 곳이 있어."

한참을 걸어 하울은 I를 타운 하우스의 우동집으로 데리고 갔다. 자리에 앉아 주문을 했다.

"튀김우동 둘이요!"

잠시 후 하울과 I의 테이블에 어묵우동이 서빙이 되었다. 주문과 다르게 우동을 서빙한 사람은 써메이션이었다. 써메이션은 빙하를

225

녹일 듯한 맑은 미소를 보이며 인사를 건넸다.

"맛있게 드세요."

시간을 벗어난 날 친구들을 초대할 때 기쁨에 차서 웃던 모습이 었지만 친구들을 기억하지는 못했다. I와 하울은 미처 말이 되지 못한 수많은 감정을 누른 채 울컥울컥 솟아오르는 눈물을 삼키며 우동을 먹었다.

작가 후기

∵

"함수를 기억하시나요?"

수학자 클라인은 함수가 수학적 사고의 심장이라고 했지만 학창 시절 우리에게 함수는 그 앞에만 서면 심장이 작아지는 그런 존재였습니다. 중학교에서는 두 양 x와 y 사이에서 x의 값에 따라 y값이 하나씩 정해지는 관계가 있을 때, y를 x의 함수라고 배웁니다.

'오직 하나' 대응되는 관계라는 함수의 개념 앞에서는 '이것도 사고 싶고 저것도 사고 싶고, 이 사람도 좋고 저 사람도 좋고, 이때는 이랬다가 시간이 지나면 또 다른 것을 선택하고 싶은 마음'은 숨겨야 합니다. 우리의 삶에서는 오직 하나 선택하는 관계보다는 두

개 이상을 선택하고 싶은 경우가 더 많기에 수학은 이래저래 우리의 삶과 많이 다르다고 생각하게 됩니다.

그런데 수학을 좀 더 오래 만나다 보니 x값이 정해지면 y값이 여러 개가 대응하는 관계의 함수도 존재하더군요. 눈이 번쩍 뜨였습니다. 수학이 삶과 많이 달랐던 것이 아니라 내가 아는 만큼의 수준에서 수학에 대한 선입견을 갖게 된 것입니다. 수학은 결코 한 가지 답만을 요구하지 않았고 더 다양한 모습을 많이 포함하고 있었습니다. 수학은 공부를 하면 할수록 우리 삶의 모습을 많이 닮아 있다는 생각이 들었습니다.

그러나 수학을 오래 만나는 사람이 아니라면 우리는 수학의 일부 모습만을 볼 수밖에 없습니다. 그렇기에 대부분의 사람들에게 수학은 단지 진학을 위한 시험을 보기 위해 필요할 뿐이고 학교를 졸업함과 동시에 자신과 관계없는 거라 생각하게 됩니다. 3000년 넘게 쌓여온 수학 지식을 익히고 50분이 채 되지 않은 시간에 다시 풀어내기 위해 우리가 치열하게 노력했던 시간은 우리 자신을 괴롭혔던 '한낱 과거'가 될 뿐입니다.

모처럼 한가한 어느 날, 몇 번의 이사를 다녀도 버리지 않고 있던 학창시절의 일기장을 꺼내서 읽었습니다. 매우 거친 필체로 적힌 일기가 눈에 들어왔습니다. 아마도 시험기간에는 누구나 철학자가 되듯 저 역시 그랬나 봅니다. 거기엔 매우 도발적인 질문이 적혀 있었습니다.

"수학 지식이 쌓이면 우리가 삶을 살아갈 때 필요한
지혜도 쌓이는 건가?
도대체 이 정도까지 해야 하는 이유가 있나?"

그저 좋은 학교를 가기 위해 수학 공부를 한다는 이유만으로는 '10대의 나'를 설득하지 못했나 봅니다. '10대의 나'가 던진 질문을 곱씹어봤습니다. 우리는 도대체 무엇 때문에 그 당시 그렇게 수학 공부를 열심히 했을까요? 어른이 되어 그 상황을 한 발짝 떨어져서 보니 수학 시험을 통해 '내가 익히고 배운 지식이 얼마 만큼인지를 확인했던 이유'는 어쩌면 '내가 모르는 것이 어느 정도인지를 알아가는 과정'이 아니었을까란 생각이 들었습니다. 지혜의 시작은 내가 무엇을 모르는지 아는 것에서부터 출발하니까요.

즉 수학을 공부하면서 얻는 것에는 '수학 지식'뿐 아니라 '삶에 필요한 지혜를 얻는 자세'가 있었습니다. 아직 알지 못하는 문제에 대해 알아가기 위해 스스로에게 질문을 던지고 답을 찾아가는 과정에서 '자신의 생각을 만들어가는 방법'을 얻게 되는 거죠. 수학은 삶에서 만나는 문제를 해결하는 생각의 근육을 만들어주었습니다. 배에 근육이 생기면 눈에라도 보여 자랑이라도 할 텐데 생각의 근육은 눈으로 볼 수 없기에 그 가치를 미처 알지 못했습니다. 정말 중요한 건 오히려 눈에 보이지 않는 게 더 많은데 말이죠.

수학을 통해 얻게 된 '자신의 생각을 만들어가는 힘'은 소설 속 주인공들처럼 삶에서 만나는 예상치 못했던 문제와 우리에게 주어지는 패러독스를 해결하는 데 필요한 지혜를 얻는 바탕이 되리라 생각합니다. 우리가 수학 때문에 고민하고 괴로워했던 그 시간들은 '한낱 과거'가 아니라 '현재'를 살고 '미래'를 설계하는 데 자양분이 되는 거죠.

'매일 보던 것을 새롭게 볼 줄 아는 것이 진정한 발견'이라고 말한 프루스트의 말처럼 내가 배운 지식이 자신의 인생에서 어떤 의미를 갖는지 스스로 발견해내려는 노력은 중요하다고 생각합니다.

'수학은 소울 메이트를 찾아준다.'

이것은 제가 가장 최근에 찾은 제 인생에서의 수학의 의미입니

다. 서점에 있는 수많은 책들 중에서 이 책을 선택해서 읽어주신 독자 분들은 써메이션과 I처럼 저의 수학 소울 메이트입니다. 언젠가 마지막 장면의 모티브가 된 '주문을 틀리는 요리점(注文をまちがえる料理店)'에서 여러분과 제가 우동을 함께 먹는 친구가 되었으면 좋겠습니다.

독자들이 주신 응원에 대한 감사한 마음은 최초의 호흡과 최후의 파동으로 영원히 남아 있게 될 것입니다. 감사합니다.

작가가 들려주는
책 속의 수학
SECRET

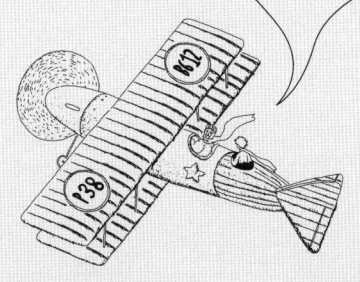

꼭 책을 다 읽은 후 볼 것.
스포일러 주의!

로그란 무엇인가?

15세기부터 시작되는 서양의 대항해시대는 서유럽 나라들이 바닷길을 통해 새로운 땅을 찾아 나서던 시대였다. 해상에서 배의 위치를 측량해야 하거나 항해를 위한 방향을 찾으려면 별을 관측하고 행성의 궤도를 계산해야 하는 등 큰 수를 계산해야 하는 일이 많아졌다. 큰 수의 계산을 보다 쉽게 하고 싶다는 필요성에 의해서 영국의 수학자 존 네이피어(1550~1617)가 로그를 생각했다.

어떤 정해진 수를 몇 번 반복하여 곱해 다른 수가 나오는 경우, 곱셈을 반복하는 횟수를 '로그'라고 부른다. 로그를 표현할 때는 log라는 기호를 사용한다. 즉 3을 몇 번 반복해서 곱해 81이 나올 때, 로그는 4가 되고 $\log_3 81 = 4$으로 쓴다. 로그 아래의 작은 수(밑)는 반복해서 곱하는 수를 말하고 큰 수는 반복되는 곱셈의 결과로 나오는 수다.

1등성, 2등성, … 등 별의 밝기를 나타내는 기준, 지진의 규모를 나타내는 리히터규모, 산성이나 알칼리성의 지표인 pH, 소리의 크기를 나타내는 dB단위는 로그개념을 바탕으로 만들어졌다.

소설 속에서 I는 고등학교 겨울방학 특강을 로그 수업의 시작을 알리며 연다. 이는 이 소설의 모티브가 로그에서부터 관련 있음을 암시한다.

◀)) $\log_3 3$, $\log_5 5$, $\log_{0.1} 0.1$, $\log_{\text{사랑}}$사랑의 값은 모두 얼마인가?

유사 이미지를 찾는 수학

소설 속 써메이션은 구글을 능가하는 유사 이미지를 찾는 알고리즘을

234

만들었다. 세계 최대 크롤링 사이트인 구글은 '고유벡터의 중심성'을 이용한 알고리즘인 비주얼랭크를 이용한다. 고유벡터의 중심성은 여러 점을 선으로 이은 그래프에서 꼭짓점의 상대적 중요도를 나타내는 척도다. 이미지를 점으로 나타낸 후 어느 꼭짓점이 인접해 있는지 알아낸 관련성을 '인접행렬'로 나타낸다. 인접행렬은 어떤 이미지를 검색해 나온 이미지 중 임의의 두 이미지 사이의 비슷한 정도를 나타낸 행렬이다. 비슷한 이미지를 덩어리 채로 수집한 후 이미지 간 유사성을 점과 선으로 이루어진 그래프로 나타내는 반복적인 작업을 통해 비주얼 랭크값이 큰 이미지를 찾아낸다. 이 방법으로 본인의 사진이 있으면 과거에 찍었던 사진을 찾을 수 있다.

🔊 써메이션의 알고리즘으로 삭제하고 싶은 나의 흑역사는?

프랙털 음악

I가 아브기를 만난 후 아크만과 카페에서 만날 때 카페에 잔잔히 깔린 음악은 프랙털 음악이다. 해안가, 식물의 잎, 브로콜리의 모습에서 볼 수 있듯이 작은 구조가 전체구조와 유사한 모양으로 끝없이 되풀이되는 구조를 프랙털이라고 하는데 프랙털 음악은 전체의 패턴이 하나의 악절, 또는 한 마디에서 유사한 구조로 되풀이되는 음악을 말한다. 베토벤, 바흐, 모차르트의 음악은 물론 새들의 울음소리, 시냇물이 흐르는 소리, 심장 박동소리도 프랙털 음악에 가깝다. 사람들은 같은 음이 계속 반복되면 지루해하고 반대로 변화가 계속되면 피곤해한다. 적당한 규칙이 있으며 의외성 있는 곡을 좋아하는데 프랙털 음악은 그런 특징을 갖고 있다.

마야달력 7월 25일, 시간을 벗어난 날

고등학생 써메이션이 친구들에게 보낸 초대장에는 7월 25일, 시간을 벗어난 날이라고 쓰여 있다. 이야기 수집가 아크만이 소개한 마야달력은 새해가 7월 26일에 시작한다. 새해인 7월 26일에서 28일을 주기로 13달을 1년으로 하면 364일이 된다. 그래서 여기에 하루를 더해 365일로 만들고 더해진 날을 시간을 벗어난 날로 여겼다. 이는 마야달력과 관련된 전설 중 하나이다.

마야에는 종교와 의례를 목적으로 만든 260일을 1년으로 하는 촐킨달력이 있고 1년을 360일(20일의 18개월)로 나눈 후 한 해의 마지막을 5일로 하고 4년에 한 번씩 6일로 늘리는 하얍으로 불리는 달력도 있다. 이 밖에도 하얍과 촐킨보다 큰 주기의 달력도 존재했다고 전해진다. 한때 마야달력이 지구의 종말을 예언한다는 이야기로 세상이 들썩한 적도 있다.

우리가 사용하는 달력은 그레고리력이다. 1년의 길이를 정확히 계산하면 365.2422일(365일 5시간 48분 46초)로 딱 떨어지는 수가 되지 않기에 1년을 365일로 생각하게 되면 매년 약 0.2422일씩 차이가 생겨 4년째에는 약 0.9688일이 되는데 이를 약 하루로 보고 4년에 한 번씩은 1년을 366일로 하는 윤년을 둔다. 이 또한 완전한 하루가 아니라 0.9688일이기에 400년 정도 지나면 작은 오차들이 모여 3일의 오차가 나타나 달력이 실제날보다 늦게 가게 된다. 이를 보완하기 위해 4년마다 윤년을 두되 100의 배수가 되는 해는 윤년을 넣지 않고 100의 배수 중에서도 400의 배수가 되는 해는 윤년을 두게 된 것이다.

레온하르트 오일러

오일러(1707~1783)는 스위스의 수학자이다. 수학 · 천문학 · 물리학 · 의학 · 식물학 · 화학 등 많은 분야에 걸쳐 광범위하게 연구하였다. 수학 분야에서의 연구분야는 정수론, 대수학, 위상기하학 등 수학 전반에 걸쳐 있다. 특히 해석학에 몰두하여 복소수, 편미분방정식을 다루는 방법을 정리하여 물리학과 역학에 대한 응용을 쉽게 하였다. 『무한해석개론』, 『미분학원리』, 『적분학 원리』 등 평생 900편이 넘는 저서와 논문으로 수학의 역사에서 많은 출판물을 낸 수학자로 꼽힌다. 시력을 상실한 후에도 열정적으로 연구에 매진하였다. 프랑스의 수학자 라플라스는 "오일러를 읽어라. 그는 우리 모두의 스승이다."라고 했으며, 네덜란드 수학사학자 더크 스트루이크는 "오일러는 18세기의 가장 생산적인 수학자"라고 평했다. 오일러는 수학자들로부터 존경받는 수학자였다.

소설 속에서는 숀이 존경하는 수학자로 오일러가 소개된다. 이는 써메이션이 자신의 이름에 담긴 의미를 찾는 열쇠가 되며, 사라진 써메이션의 행방을 찾는 데도 중요한 복선이 된다.

🔊 내가 알고 있는 수학개념 중에서 오일러와 관련된 내용을 찾아본다면?

써메이션(summation)

급수(series, summation)는 수열의 합을 의미한다. 수열의 합은 그리스 문자 Σ를 사용하여 나타낸다. 유한수열 $a_1, a_2, a_3, \cdots a_n$의 합 $S_n=a_1+a_2\cdots+a_n$ 즉 $\sum_{k=1}^{n} a_k$를 유한급수라 한다. 무한수열 $a_1, a_2, a_3, \cdots$의 합은 무한급수라 하는데 부분합 $S_n=a_1+a_2\cdots+a_n$의 극한 즉 $\sum_{n=1}^{\infty} a_n = \lim_{n \to \infty} S_n$으로 정의한다.

오일러는 지수함수, 삼각함수 등을 무한급수의 형태로 나타낼 수 있음을 발견했다. 써메이션은 아버지가 오일러를 존경했다는 이야기를 어머니로부터 듣고 자신의 이름이 오일러의 가장 대표적인 연구업적인 급수를 나타내는 것이라 추측했다. 친구들에게 초대장으로 보낸 문제는 무한급수를 시각적인 해법으로 해결하는 문제이다. 수나 식을 시각적으로 인식하는 써메이션의 특성은 나중에 써메이션의 위치를 찾을 수 있는 단서를 제공한다.

🔊 수학용어나 기호를 이용해서 자신의 이름을 짓는다면? 그 이유는?

무한소수 e

e=2.718281828459…로 소숫점 이하가 순환하지 않고 무한이 이어지는 무한소수, 무리수이다. e를 발견한 사람은 오일러로 '로그함수'를 미분하는 과정에서 발견했다.

$$e = \lim_{n \to \infty}(1+\frac{1}{n})^n$$

$$e = \sum_{k=0}^{\infty} \frac{1}{k!} = 1+1+\frac{1}{2}+\frac{1}{6}+\frac{1}{24}\cdots$$

등과 같이 e를 나타내는 다양한 식이 존재한다. 10을 밑으로 하는 로그는 상용로그, e를 밑으로 하는 로그를 자연로그라고 한다.

🔊 **e의 또 다른 이름은?**

---

i와 I

i는 제곱하면 -1이 되는 수로 오일러가 정의한 허수 단위이다. 소설 속의 I는 오일러 공식을 그래프로 나타냈을 것이라는 추측으로 써메이션의 행방을 찾는 데 결정적 역할을 했다. 허수 i는 자연수의 시작 1, 인도에서 발명한 0, 원주율 π, 자연로그의 밑 e, 각각 다른 유래를 가진 네 가지 중요한 수를 연결했다. 써메이션의 행방을 찾는 중요한 역할을 한 I는 오일러 공식에서의 허수의 역할을 중의적으로 나타낸 이름이다.

🔊 **소설 속 I 같은 친구에 대한 나의 생각은?**

오일러 공식 $e^{ix}=\cos x+i\sin x$

자연현상에는 원운동과 파동현상이 많이 나타난다. 이들을 나타내는 데는 삼각함수가 편리한데 삼각함수는 미분이나 적분을 하기에 어렵다. 오일러 공식은 '허수'를 통해 지수함수와 삼각함수를 연결시킨 공식이다. 오일러 공식을 이용하면 삼각함수를 지수함수로 변환시킬 수 있다. 삼각함수로 된 식으로 어렵게 계산하던 것을 미분이 상대적으로 편한 지수함수로 변환시켜 편리하게 계산할 수 있게 되면서 물리학 연구의 발전을 이끌었다.

오일러 공식에서 x의 값이 π가 되면 $e^{i\pi} = -1$이 된다. 시각뇌와 관련된 미학을 연구하는 실험에서 수학전문가 16명을 대상으로 '수학공식'의 아름다움을 증명하는 실험을 한 결과 수학자들이 가장 아름답다고 생각한 공식에 선정되었다.

◀)) 자신이 알고 있는 수학공식 중 가장 아름답다고 생각하는 식은?

여러 모습의 나

칠순의 바이올리니스트 정경화는 삶의 시간이 쌓이면 같은 곡이라 해도 해석하는 것이 달라 17세와 70세의 연주가 완전히 다르다는 인터뷰를 했다. 소설 속 써메이션 역시 7세의 자신과 17세의 자신 그리고 지금의 자신이 과연 같은 사람일지에 대해 고민한다. 모든 시간의 총합을 나로 인정해야 하는지, 과거의 '나'는 '나'로 인정받지 못하고 사라지는 것인지 고민했다. 써메이션은 존재에 대한 고민을 복소수의 로그가 다가함수인 것에 대응시켜 생각을 다듬어갔다.

◀)) 어떤 대상이나 상황을 바라보는 관점이 성장하면서 변하게 된 경험이 있다면?

나선

로그나선은 베르누이나선, 황금나선 등의 여러 가지 이름으로 불린다. 한 번 회전할 때마다 일정한 비율이 곱해져서 생기는 곡선으로 자연에서 흔히 찾아볼 수 있는 자연 생성의 기본원리와 관계가 있기도 하다. 사람 귓속의 달팽이관, 암모나이트, 소라, 양의 뿔 등에서도 볼 수 있다. 피보나치 수열과 밀접한 관계가 있으며, 코끼리코, 성운, 해바라기와 데이지 등의 국화과 식물, 솔방울, 꽃양배추 앵무조개 껍질 등에서 관찰할 수 있다.

로그나선처럼 나선 사이의 거리가 증가하는 것과 다르게 거리가 일정한 나선이 있는데 이를 아르키메데스 나선이라고 한다. 아르키메데스 나선은 나사에서 볼 수 있는 것과 같이 일정한 간격으로 감겨 있는 나선으로, 아르키메데스 펌프가 바로 이 나선을 이용한 것이며, DNA의 이중나선 역시 이 구조이다.

아크만이 보여준 물의 결정에서 발견한 나선은 나선 사이의 거리가 증가하는 로그나선임을 티몬이 찾아내고, 이는 로그와 오일러, 오일러의 공식을 연상시켜 써메이션의 위치를 찾는 데 단서가 된다.

🔊 우리 생활 주변에서 다양한 나선을 찾아보자.

찰스 배비지

영국의 수학자이자 경제학자(1791~1871). 현대 컴퓨터의 선구라고 할 수 있는 기계식 계산기의 원리를 발견하였다. 학생 시절 케임브리지의 수학의 몰락을 안타까워하여 수학 교육의 개혁운동에 몰두하고 왕립협회의 회원이 되어 왕립천문협회, 통계협회의 창설에 노력했다.

제9차 브리지워터 논문에서 〈우리의 말과 행동이 우리가 사는 지구에 끼치는 영구적 영향〉이라는 글을 발표했는데 아크만은 그 논문의 아이디어를 실현하고자 노력한 것으로 설정되었다

🔊 오늘의 내 마음을 그림이나 파동으로 나타낸다면 어떤 모습일까?

오일러 패러독스

하나의 복소수는 그림 위의 한 점으로 나타낼 수 있다. 이 점 (a, b)의 좌표는 x좌표와 z의 점을 잇는 직선이 이루는 각도를 θ라 하면 $z = re^{i\theta}$로 나타낼 수 있다. 즉 점 z는 $(r\cos\theta, r\sin\theta)$로 나타낸다. θ에서 다시 $2n\pi$(단, n은 정수)만큼 회전한 점은 늘 같은 위치로 돌아온다. 즉 점 z를 나타낼 수 있는 방법은 무한개이다. 한 점을 나타낼 때 여러 가지로 나타낼 수 있는 것을 다가함수(多價函數, multi-valued function)라고 한다.

242

따라서, $z = re^{i(\theta + 2n\pi)}$로 나타내고 $z = re^{i(\theta + 2n\pi)}$의 양변에 자연로그를 취하면 $ln(z) = ln(re^{i(\theta + 2n\pi)})$에서 $ln(z) = ln(r) + i(\theta + 2n\pi)$가 된다. 같은 z의 로그인데도 무한개의 해가 나온다. 오일러는 하나의 복소수의 로그에 무한개의 값이 존재하므로 복소수의 로그를 다가함수라고 하였다. 오일러가 복소수의 로그를 다가함수로 인정하기 전에는 복소수의 로그값은 명쾌하게 설명할 수 없는 패러독스로 간주되었다.

소설 속 써메이션은 인정하기 싫었던 과거 부끄러운 자신의 여러 모습을 당당히 인정하여 자신의 존재에 대해 갖고 있는 패러독스를 해결하고자 했다. 그리고 그 여정의 알고리즘을 오일러 패러독스라 지었다.

🔊 지금 자신의 인생에서 가장 고민이 되는 패러독스는?